"十二五"动画专业重点规划教材

21 世纪

动画专业核心教材

U0107826

三维动画创作
渲染制作

侯沿滨 刘超 张天翔 编著

中国传媒大学出版社

21 世纪动画专业核心教材编委会

主　编　徐　浩　　杨　涛　　白少楠

副主编　张毅超　　任　艳　　苏　毅　　王海军　　杨雪梅

编　委（以姓氏拼音为序）

曹　钰　　陈　果　　陈红娟　　刘大宇　　刘振武

路　清　　米高峰　　彭国华　　孙　雯　　佟　婷

文　婷　　吴振尘　　于海燕　　张　慨　　郑玉明

序

  三维动画是近年来随着计算机软硬件技术的发展而产生的一种新兴动画形式。三维动画技术除可用于传统的影视动画创作之外，由于其精确性、真实性及可操作性，目前还被广泛应用于广告、医学、工业、军事、建筑等诸多领域。根据这种行业需要，动画相关专业的学生也应掌握三维动画技术，以提高自己的就业能力。

  为此，我们编写了三维动画制作方面的教材。教材按照三维动画制作的流程分为四本：《三维动画创作——模型制作》、《三维动画创作——渲染制作》、《三维动画创作——动画制作》、《三维动画创作——特效制作》。其中包含了三维动画制作的全部知识点，囊括了行业中的大部分应用软件，如Maya，3ds Max，Zbrush，After Effect，Edius等，将各个软件的应用特点与优势融入相关的制作案例中，是一套内容全面、技术领先、案例详尽、应用性强的三维动画教材。

  本套教材一方面注重体系性，力求将三维动画制作流程中最常用的、最具有代表性的操作讲全讲透，另一方面注重实用性，强化实训内容，启发和激励学生自己动手操作的欲望，最终能够独立完成动画制作任务，为日后的专业创作打下坚实的基础。

  最后，对在教材编写过程中给予我们宝贵支持的相关人士表示衷心的感谢。同时，我们也希望广大读者不吝赐教，使本套教材更加完善。

作者

2011年12月

目 录

材质与贴图

第一节　什么是材质贴图

材质是指构成物体表面的材料,简单地说就是物体看起来是什么质地。材质可以看成是材料和质感的结合。在渲染中,它是表面各可视属性的结合,这些可视属性是指表面的色彩、纹理、光滑度、透明度、反射率、折射率、发光度等。正是有了这些属性,我们才能识别三维中的模型是用什么做成的,也正是有了这些属性,电脑三维的虚拟世界才会和真实世界一样缤纷多彩。指定到材质上的图形被称为"贴图",如图1-1-1所示。

图1-1-1 各种材质贴图效果

举例来说,借助夜晚微弱的月光,我们往往很难分辨物体的材质,而在正常的照明条件下,则很容易分辨。另外,在彩色光源的照射下,我们也很难分辨物体表面的颜色,而在白色光源的照射下则很容易。这种情况表明了物体材质与光的微妙关系。

1

一、色彩

色彩是光的一种特性,我们通常看到的色彩是光作用于眼睛的结果。光线照射到物体上的时候,物体会吸收一些光色,同时也会漫反射一些光色,这些漫反射出来的光色到达我们的眼睛之后,就决定了物体看起来是什么颜色,这种颜色在绘画中被称为固有色。这些被漫反射出来的光色除了会影响我们的视觉之外,还会影响它周围的物体,这就是光能传递。当然,影响的范围不会像我们的视觉范围那么大,它要遵循光能衰减的原理。将颜色转换成数字数据的方式称

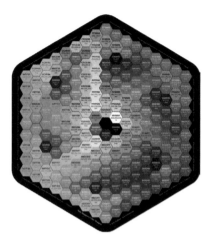

图1-1-2 色彩图例

为色彩模式,常见的色彩模式有RGB、CMYK、HSB和Lab。对于CG制作来说,一般掌握RGB和CMYK两种就可以了,如图1-1-2所示。

(一)RGB色彩模式

RGB色彩模式(也翻译为红绿蓝模式,比较少用)是工业界的一种颜色标准,是通过对红(R)、绿(G)、蓝(B)三个颜色通道的变化以及它们相互之间的叠加来得到各式各样的颜色的。RGB即是代表红、绿、蓝三个通道的颜色,这个标准几乎包括了人类视力所能感知的所有颜色,是目前运用最广的颜色系统之一。

在RGB模式下,每种RGB成分都可使用从0(黑色)到255(白色)的值,例如亮红色使用R值255、G值0和B值0。当三种成分的值相等时,产生灰色阴影;当三种成分的值均为255时,结果是纯白色;当该值为0时,结果是纯黑色。

(二)CMYK色彩模式

CMYK也称作印刷色彩模式,是一种依靠反光的色彩模式,和RGB类似。CMY是三种印刷油墨名称的首字母:青色Cyan、品红色Magenta、黄色Yellow。而K取的是Black的最后一个字母,之所以不取首字母,是为了避免与蓝色(Blue)混淆。从理论上来说,只需要CMY三种油墨就足够了,它们三个加在一起得到黑色。但是由于目前的制造工艺还不能造出高纯度的油墨,所以CMY相加的结果实际是一种暗红色。

只要在屏幕上显示的图像,就是RGB模式表现的;只要是在印刷品上看到的

图像,就是CMYK模式表现的,比如期刊、报纸、宣传画等,都是印刷出来的,那么就是CMYK模式的。

(三)HSB色彩模式

在HSB模式中,H(Hues)表示色相,S(Saturation)表示饱和度,B(Brightness)表示亮度。HSB模式对应的媒介是人眼。

色相:在0至60度的标准色轮上,色相是按位置度量的。在通常的使用中,色相是由颜色名称标识的,比如红、绿或橙色。黑色和白色无色相。

饱和度:表示色彩的纯度,为0时表示灰色。白、黑和其他灰色色彩都没有饱和度。在最大饱和度时,每一色相具有最纯的色光。

亮度:指色彩的明亮度,为0时表示黑色。最大亮度时色彩处于最鲜明的状态。

(四)Lab色彩模式

Lab色彩模型是由照度(L)和有关色彩的a、b三个要素组成的。L表示照度(Luminosity),相当于亮度,a表示从洋红色至绿色的范围,b表示从黄色至蓝色的范围。L的值域由0到100,L=50时,就相当于50%的黑;a和b的值域都是由+127至−128,其中+127a就是洋红色,渐渐过渡到−128a的时候就变成绿色;同样原理,+127b是黄色,−128b是蓝色。所有的颜色就由这三个值交互变化所组成。例如,某一色彩的Lab值是L=100,a=30,b=0,这一色彩就是粉红色。

Lab中的数值可以描述正常视力的人能够看到的所有颜色。因为Lab描述的是颜色的显示方式,而不是设备(如显示器、桌面打印机或数码相机)生成颜色所需的特定色料的数量,所以Lab被视为是一种与设备无关的色彩模式。

二、光滑与反射

一个物体是否有光滑的表面,往往不需要用手去触摸,视觉就会告诉我们结果。因为光滑的物体,总会出现明显的高光,比如玻璃、瓷器、金属……而没有明显高光的物体,通常都是比较粗糙的,比如砖头、瓦片、泥土……这种差异在自然界无处不在,它的产生依然是由于光线的反射作用,但和上面"固有色"的漫反射方式不同,光滑的物体有一种类似"镜子"的效果,在物体的表面还没有光滑到可以镜像反射出周围的物体的时候,它对光源的位置和颜色是非常敏感的。所以,光滑的物体表面只"镜射"出光源,这就是物体表面的高光区,它的颜色是由照射它的光源颜色决定的(金属除外),随着物体表面光滑度的提高,对光源的反射会越来越清晰,这就是在三维材质编辑中,越是光滑的物体高光范围越小、强度越高的原因。当高光的清晰程度已经接近光源本身后,物体表面通常就要呈现出另一种面貌了,这就是Reflection(反射)材质产生的原因,也是古人磨铜为镜的原理。但必须注意的是,不是任何材质都可以在不断的"磨炼"中提高自己的光滑程度。比如我们很清楚瓦片是不会磨成镜的,原因是瓦片是很粗糙的,这个粗糙不单指它的外观,也指它内部的微观结构。瓦片质地粗糙,里面充满了气孔,无论怎样磨它,也只能使它的表面看起来整齐,而不能填补这些气孔,所以无法成镜。我们在编辑材质的时候,一定不能忽视材质光滑度的上限,在很多初学者的作品中物体看起来都像是塑料做的,就是这个原因。

图1-1-3 光滑与反射材质效果

三、透 明 与 折 射

自然界中大多数物体通常会遮挡光线,当光线可以自由地穿过物体时,这个物体肯定就是透明的。这里所指的"穿过",不单指光源的光线穿过透明物体,还指透明物体背后的物体反射出来的光线也要再次穿过透明物体,这样使我们可以看见透明物体背后的东西。由于透明物体的密度不同,光线射入后会发生偏转

图1-1-4 玻璃体材质效果

现象,这就是折射,比如插进水里的筷子,看起来就是弯的。不同的透明物质其折射率也不一样,即使同一种透明的物质,温度的不同也会影响其折射率。比如当我们穿过火焰上方的热空气观察对面的景象,会发现有明显的扭曲现象,这就是因为温度改变了空气的密度,不同的空气密度产生了不同的折射率。正确地使用折射率是真实再现透明物体的重要手段,如图1-1-4所示。

在自然界中还存在另一种形式的透明,在三维软件的材质编辑中把这种属性称为半透明,比如纸张、塑料、植物的叶子以及蜡烛等等。它们原本不是透明的物体,但在强光的照射下背光部分会出现透光现象。

第二节　平板(节点)材质编辑器

一、Maya中的应用

(一)Maya中的打开方法

这种节点式的材质编辑方式是历代Maya软件特有的一种材质编辑方式,打开方法是在任意模块下的Windows下拉菜单中打开Rendering Editors中的Hypershade即可,如图1-2-1、1-2-2所示。

图1-2-1 Maya中的材质编辑器开启方法

图1-2-2 Hypershade材质编辑器

(二)材质节点栏

Hypershade编辑器左侧竖列的区域是各种材质节点方式,分Maya和mental ray两大类。其中Maya默认节点方式包括Surface(表面材质)、Volumetric(体积材质)、Displacement(置换材质)、2D Textures(2D纹理)、3D Textures(3D纹理)、Env Textures(环境纹理)、Other Textures(层纹理)、Lights(灯光)、Utilities(节点)、Image Planes(图像平面节点)、Glow(辉光效果节点),如图1-2-3所示。

图1-2-3 两大节点类型

(三)材质的种类

在默认的Maya材质中共有三种类型,分别是Surface(表面材质)、Volumetric(体积材质)、Displacement(置换材质),(如图1-2-4、1-2-5、1-2-6所示)。其中表面材质最为常用,无论角色还是场景、道具的制作,大部分都会使用表面材质中的选项进行编辑。

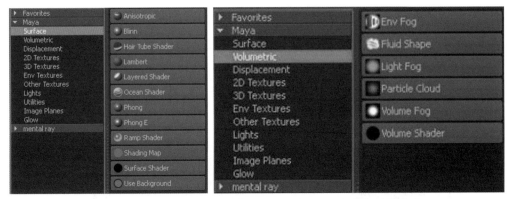

图1-2-4 表面材质种类　　　　　图1-2-5 体积材质种类

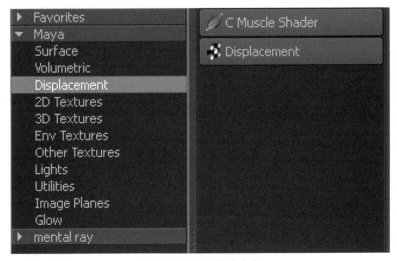

图1-2-6 置换材质种类

表面材质种类中的材质球,除了高光部分属性不一致,其余的属性参数基本一致,以Blinn材质球为例分别查看它们的属性,如图1-2-7所示。

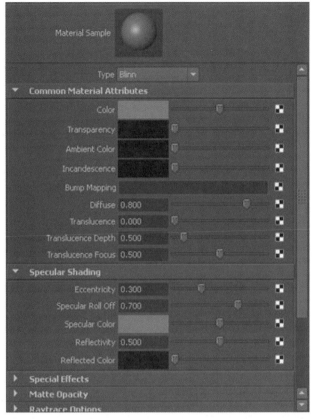

图1-2-7 Blinn材质球属性

这些属性分别是：Color(颜色)、Transparency(透明度)、Ambient Color(环境色)、Incandescence(自发光)、Bump Mapping(凹凸贴图)、Diffuse(漫反射)、Translucence(半透明)、Translucence Depth(半透明深度)、Translucence Focus(半透明焦距)、Eccentricity(离心率)、Specular Roll Off(高光偏离)、Specular Color(高光颜色)、Reflectivity(反射强度)、Reflected Color(反射颜色)。

(四)2D和3D程序纹理

在默认的Maya贴图中共分四种类型：2D Textures(2D纹理)、3D Textures(3D纹理)、Env Textures(环境纹理)、Other Textures(层纹理)。其中常用前两种2D和3D纹理贴图,操作者可以通过修改其参数和连接方式调节出千变万化的效果,其特点为无缝复制。其中2D纹理贴图需要模型有UV坐标并通过调节才可以产生正确的纹理效果,而3D纹理贴图则不需要UV坐标就可以直接产生效果,如图1-2-8、1-2-9所示。

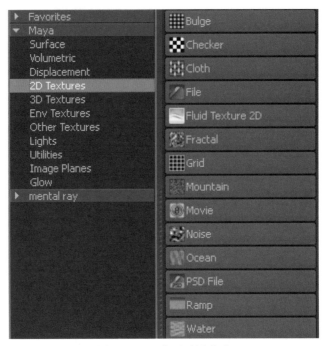

图1-2-8 2D纹理贴图种类

图1-2-9 3D纹理贴图种类

(五)节点类型

节点类型是Maya材质贴图编辑中最为精华的部分,其类型也非常多,在后面的项目实训中我们会对其常用的命令进行详解,如图1-2-10所示。

图1-2-10 Maya默认的节点种类

二、3ds Max中的应用

由于Autodesk(欧特克)公司对Maya和XSI的收购,谁也不知道今后三维软件的发展趋势是什么,但我们可以发现主流的三维软件们正朝着一种共享的发展方向前进。2011版的3ds Max也终于迎来了和Maya有着类似渊源的节点式材质编辑器。

新安装2011版3ds Max的用户习惯地打开材质编辑器后会发现一个焕然一新的变化——原来的精简材质编辑器不见了,默认状态下是新植入的节点式材质编辑器,如图1-2-11所示。

由于使用习惯不同,可能3ds Max的主流用户还不习惯此编辑器,其操作方法类似于上面讲到的Maya平板材质编辑器,喜欢挑战的3ds Max用户可以根据需求自行学习。

图1-2-11 3ds Max平板材质编辑器

第三节　精简材质编辑器

一、3ds Max中的打开方法

打开材质编辑器的方法共有三种：

其一,点击工具栏上的材质编辑器按钮 ,默认情况下打开的是平板材质编辑器。在平板材质编辑器左上角选择模式下拉菜单里的精简材质编辑器,这样系统会对当前选择进行记录,下次再按材质编辑器按钮就会直接弹出精简材质编辑器,如图1-3-1所示。

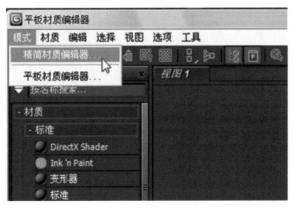

图1-3-1 更改精简材质编辑器

其二,选择渲染下拉菜单中的材质编辑器,再选择精简材质编辑器,如图1-3-2所示。

图1-3-2 第二种方法打开精简材质编辑器

其三,使用快捷键M,可以直接打开材质编辑器。

二、精简材质编辑器的构成元素

精简材质编辑器由菜单栏、工具栏按钮、示例窗和样本材质、卷展览参数组成,如图1-3-3所示。

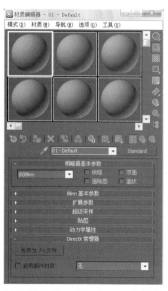

图1-3-3 精简材质编辑器(3ds Max传统材质编辑器)

(1)菜单栏——位于精简材质编辑器顶端,可选取调用各种材质工具,如图1-3-4所示。

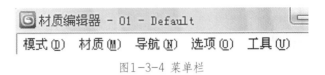

图1-3-4 菜单栏

(2)示例窗和样本材质——位于精简材质编辑器中上部的各个球体框,共提供24个示例窗口和样本材质。一般一个样本材质放在一个示例窗口中,我们可以通过它来观察材质和贴图的预览效果,默认情况下示例窗口以3×2的方式显示,如图1-3-5所示。

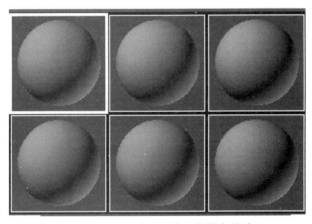

图1-3-5 3×2的示例窗口和样本材质

选择菜单栏中选项下拉菜单里的选项,可以弹出一个选项对话框,在最下端可对示例窗口的排列方式进行5×3、6×4显示数量的修改,如图1-3-6、1-3-7所示。

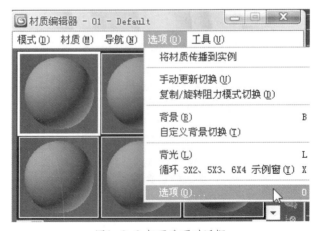

图1-3-6 打开选项对话框

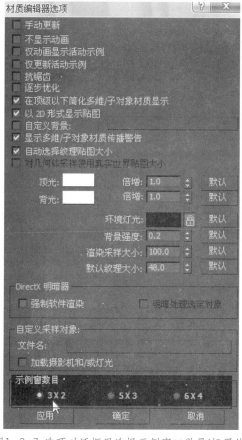

图1-3-7 选项对话框里选择示例窗口数量(标黑处)

在其中任意一个样本材质球上点击鼠标右键,选择选项也可修改,如图1-3-8所示。

图1-3-8 鼠标右键选择选项

或者在其中任意一个样本材质球上点击鼠标右键,直接修改示例窗口数量,如图1-3-9所示。

图1-3-9 鼠标右键直接修改

(3)工具栏按钮——位于精简材质编辑器示例窗口周围,分别竖直和水平排列,如图1-3-10所示。

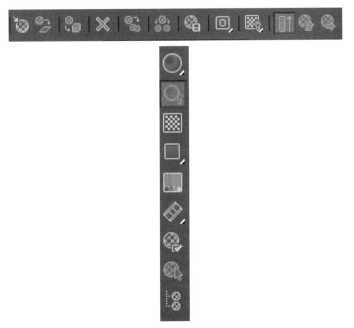

图1-3-10 两排工具栏按钮

其中水平的工具按钮主要进行材质的指定、保存、层级切换等,而竖直的工具按钮主要是对示例窗口中的对象进行显示操作。

(4)卷展栏参数——位于精简材质编辑器中下部的全部区域,不同的材质类型和贴图会有不同的效果就是通过对卷展栏里对应的参数进行调节得以实现的,如图1-3-11所示。

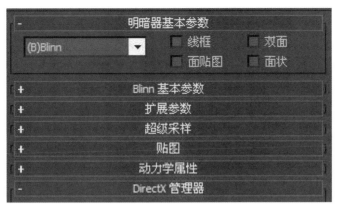

图1-3-11 卷展栏

三、材质编辑工具

(一)竖直的工具按钮功能介绍

(1)样本类型◎。可以设置样本材质的外观,默认情况下为圆形球体。

(2)背光◎。默认情况下,此按钮处于启用状态,无论操作者何时创建金属和Strauss材质,背光都特别有用。使用背光可以查看和调整由掠射光创建的反射高光,此高光在金属上更亮。

(3)背景▨。启用背景可以将多颜色的方格背景添加到活动示例窗中。如果要查看不透明度(默认状态)和透明度(按下按钮)的效果,该图案背景很有帮助。

(4)采样UV平铺□。使用采样UV平铺按钮可以在活动示例窗中调整采样对象上重复的贴图图案。使用此选项设置的平铺图案只影响示例窗,对场景中几何体上的平铺没有影响,要影响几何体必须通过贴图自身坐标卷展栏中的参数进行控制。

(5)视频颜色检查▨。视频颜色检查用于检查示例对象上的材质颜色是否超过安全NTSC或PAL阈值。渲染场景中的颜色不仅取决于材质颜色,而且还取决于照明的强度和颜色。如果在几个明亮灯光下进行渲染,则在示例窗中安全显示的材质可能成为非法材质。安全的方法是使用饱和度小于80%的颜色。

(6)生成预览◇。其中包括播放预览◉和保存预览◉,可用于在示例窗中预览动画贴图在对象上的效果。可以使用AVI文件或IFL文件作为动画源,完成的预览会另存为新的AVI文件,并会自动播放,还可以通过拖动时间滑块在示例窗中查看预览。

(7)选项 。跟前面讲到的选项是一样的,可以帮助操作者控制如何在示例中显示材质和贴图。这些设置在 3ds Max 重置,甚至退出与重新启动后继续存在。

(8)按材质选择 。选择此命令将打开"选择对象"对话框,其操作方式与从场景选择类似。所有应用选定材质的对象在列表中高亮显示,该列表中不显示隐藏的对象,即使它已应用材质。但是,在材质/贴图浏览器中,可以选择"从场景中进行浏览",启用"按对象"然后从场景中进行浏览,该表在场景中列出所有对象(隐藏的和未隐藏的)和其指定的材质。

(9)材质/贴图导航器 。该导航器显示当前活动实例窗中的材质和贴图。通过单击列在导航器中的材质或贴图,可以导航当前材质的层次。反之,当操作者导航"材质编辑器"中的材质时,当前层级将在导航器中高亮显示。选定的材质或贴图将在示例窗中处于活动状态,同时将在下面显示选定材质或贴图的卷展栏。

(二)水平的工具按钮功能介绍

(1)获取材质 。利用它操作者可以选择材质或贴图。当从场景中获取材质时,该材质最初是一个热材质。

热材质是在场景和材质编辑器中都被实例化了的材质。从一个对象获得材质时,这个材质是热材质。无论是否应用热材质,对热材质的任何修改都会在场景中反映出来。要编辑一个材质而不改变场景,可以从对象中获取热材质,然后将其复制,复制的材质称为冷材质。材质编辑器示例窗每个角中的白色三角标签表示这些窗口中的材质是热材质。

(2)将材质放入场景 。在编辑材质之后可以更新场景中的材质。该按钮仅在这时可用:在活动示例窗中的材质与场景中的材质具有相同的名称以及活动示例窗中的材质不是热材质。

(3)将材质指定到选定对象 。可将活动示例窗中的材质应用于场景中当前选定的对象,同时,示例窗将成为热材质。

(4)重置贴图/材质为默认设置 。移除材质颜色并设置灰色阴影,将光泽度、不透明度等重置为其默认值。另外还可以移除指定给材质的贴图。

(5)生成材质副本 。通过复制自身的材质,生成材质副本"冷却"当前热示例窗。示例窗不再是热示例窗,但材质仍然保持其属性和名称。可以调整材质而不影响场景中的该材质。

(6)使唯一 。"使唯一"可以使贴图实例成为唯一的副本,还可以使一个实例化的子材质成为唯一的独立子材质,并为该子材质提供一个新材质名。子材质是多维/子对象材质中的一个材质。

(7)放入库 。打开"放入库"对话框,使用该对话框可以输入材质的名称,该材质区别于"材质编辑器"中使用的材质。在材质/贴图浏览器中显示的材质库中,该材质可见。该材质保存在磁盘上的库文件中。

(8)材质ID通道弹出按钮 。"材质ID通道"弹出按钮上的按钮将材质标记为Video Post效果或渲染效果,或存储以RLA或RPF文件格式保存的渲染图像(以便通道值可以在后期处理应用程序中使用)。材质ID值等同于对象的G缓冲区值,默认值零(0)表示未指定材质ID通道。

(9)在视图中显示标准/硬件贴图 。此控件允许操作者在使用软件和硬件(DirectX 9.0c和高级版本)之间对视口显示进行切换。

(10)最终显示结果 。使用"最终显示结果"可以查看所处级别的材质,而不查看所有其他贴图和设置的最终结果。

(11)转到父对象 。可以在当前材质中向上移动一个层级。

(12)转到下一个同级项 。可移动到当前材质中相同层级的下一个贴图或材质。

四、材质/贴图浏览器

在精简材质编辑器中,单击 (获取材质)、"类型"按钮或任何贴图按钮时,将打开"材质/贴图浏览器"的典型版本,如图1-3-12所示。

图1-3-12 材质/贴图浏览器

五、Standard材质的类型

默认情况下的材质,其明暗器基本参数类型共有8种,最常用的当属Blinn材质,如图1-3-13所示。

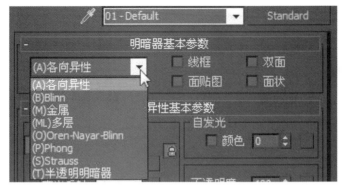

图1-3-13 标准材质中的8种明暗器

(一)Anisotropic(各向异性)

各向异性明暗器使用椭圆高光创建表面。如果为头发、玻璃或磨砂金属建模,这些高光很有用。这些基本参数与Blinn或Phong明暗处理的基本参数相似。

图1-3-14 各向异性明暗器(高光部分为椭圆形)

(二)Blinn

Blinn明暗处理是Phong明暗处理的细微变化,二者最明显的区别是高光显示弧形。通常,当使用Phong明暗处理时没有必要使用"柔化"参数,使用Blinn明暗处理,可以获得灯光以低角度擦过表面产生的高光,当增加使用Phong明暗处理的柔化值时,将丢失这些高光。Blinn和Phong明暗器具有相同的"基本参数"卷展栏。

图1-3-15 Blinn明暗器

(三)Metal(金属)

金属明暗处理提供效果逼真的金属表面以及各种看上去像有机体的材质。对于反射高光,金属明暗处理具有不同的曲线。金属表面也拥有掠射高光,金属材质计算其自己的高光颜色,该颜色可以在材质的漫反射颜色和灯光颜色之间变化。注意,不可以设置金属材质的高光颜色。

图1-3-16 金属明暗器

(四)Multi-Layer(多层)

多层明暗器与各向异性明暗器相似,但该明暗器具有一套两个反射高光控件。使用分层的高光可以创建复杂高光,该高光适用于高度磨光的曲面、特殊效果等。

多层明暗器中的高光可以为各向异性。当从两个垂直方向观看时可以看出两种高光之间的区别。当各向异性为0时,根本没有区别。当使用Blinn或Phong明暗处理时,多层明暗器的高光均为圆形。当各向异性为100时,区别最大:一个方向的高光非常清晰;另一个方向由光泽度单独控制,如图1-3-17所示。

图1-3-17 左上方:无高光;右上方:单个高光;中下方:多层明暗器的多个高光

19

(五)Oren-Nayar-Blinn

Oren-Nayar-Blinn明暗器是对Blinn明暗器的改变。该明暗器包含附加的"高级漫反射"控件、漫反射级别和粗糙度,使用它可以生成无光效果。此明暗器适合无光曲面,如布料、陶瓦等,如图1-3-18所示。

图1-3-18 Oren-Nayar-Blinn明暗器

(六)Phong

Phong明暗处理可以平滑面之间的边缘,也可以真实地渲染有光泽、规则曲面的高光。此明暗器基于相邻面的平均面法线,插补整个面的强度,计算该面的每个像素的法线。通常,Phong明暗处理高光比Blinn高光更不规则。Phong明暗处理可以精确渲染凹凸、不透明度、光泽度、高光和反射贴图,如图1-3-19所示。

图1-3-19 Phong明暗器

(七)Strauss

Strauss明暗器类似金属明暗器,只是具有更简单的界面。Strauss明暗器的"基本参数"卷展栏与其他明暗器的"基本参数"卷展栏截然不同。

图1-3-20 Strauss明暗器

(八)半透明明暗器

半透明明暗方式与Blinn明暗方式类似,但它还可用于指定半透明。半透明对象允许光线穿过,并在对象内部使光线散射,可以使用半透明来模拟被霜覆盖和被侵蚀的玻璃的效果。半透明本身就是双面效果:使用半透明明暗器,背面照明可以显示在前面。要生成半透明效果,材质的两面将接收漫反射灯光,虽然在渲染和明暗处理视口中只能看到一面,但是如果启用双面(在"明暗器基本参数"卷展栏中),就能看到两面,如图1-3-21所示。

图1-3-21 投影屏幕采用半透明度

半透明效果只出现在渲染中,不会出现在明暗处理视口中。不要将阴影贴图用于半透明明暗器,阴影贴图会导致半透明对象的边缘出现不真实的效果。

六、其他常用材质

(一)光线跟踪材质

光线跟踪材质是高级表面明暗处理材质。它与标准材质一样,能支持漫反射表面明暗处理。它还能创建完全光线跟踪的反射和折射,并且支持雾、颜色密度、半透明、荧光以及其他特殊效果。

用光线跟踪材质生成的反射和折射,比用反射/折射贴图更精确。渲染光线跟踪对象会比使用"反射/折射"更慢。此外,光线跟踪对于渲染3ds Max场景是很适宜的,通过将特定的对象排除在光线跟踪之外,可以在场景中进一步优化,如图1-3-22所示。

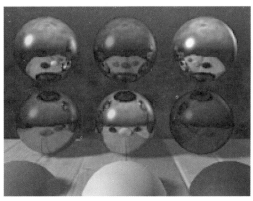

图1-3-22 使用光线跟踪材质互相反射的球

(二)无光/投影材质

使用无光/投影材质可将整个对象(或面的任何子集)转换为显示当前背景颜色或环境贴图的无光对象。在mental ray处于活动状态时,"无光/投影"材质将不可用,需改用无光/投影/反射(mi)材质。

(三)复合材质

复合材质将两个或多个子材质组合在一起。复合材质类似于合成器贴图,但后者位于材质级别。将复合材质应用于对象可生成经常使用贴图的复合效果。大多数材质和贴图的子材质按钮和子贴图按钮的旁边都有复选框,可以使用这些复选框打开或关闭材质或贴图分支。例如,在顶/底材质中,"顶材质"和"底材质"按钮旁都有复选框。同样,棋盘格贴图具有两个贴图按钮,每个按钮控制一种颜色且旁边都有一个复选框,可以使用它们禁用相应颜色的贴图,如图1-3-23所示。

图1-3-23 棋盘格贴图参数

1.混合材质

混合材质可以在曲面的单个面上将两种材质进行混合。混合具有可设置动画的"混合量"参数,该参数可以用来绘制材质变形功能曲线,以控制随时间混合两种材质的方式,如图1-3-24、1-3-25所示。

图1-3-24 将左图的砖和右图的灰泥混合为下图的效果

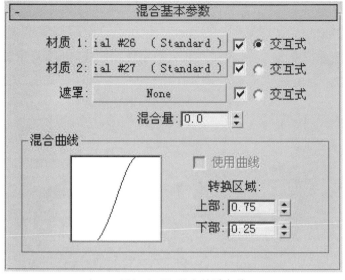

图1-3-25 混合材质参数

2.合成材质

合成材质最多可以合成10种材质,按照在卷展栏中列出的顺序,从上到下叠加材质。可以使用相加不透明度、相减不透明度来组合材质,或使用Amount(数量)值来混合材质,如图1-3-26。

图1-3-26 合成材质界面

3.双面材质

使用双面材质可以向对象的前面和后面指定两种不同的材质。如果将一个子材质的明暗处理设置为"线框",此时会显示整个材质,并渲染为线框材质,如图1-3-27、1-3-28所示。

图1-3-27 在右侧,双面材质可以为垃圾桶的内部创建一种图案

图1-3-28 双面材质界面

4.变形器材质

变形器材质与变形修改器相辅相成。它可以用来创建角色脸颊变红的效果,或者使角色在抬起眼眉时前额褶皱。

变形器材质有100个材质通道,它们对应于变形修改器中的100个通道,可对其直接贴图。对对象应用变形器材质并与变形修改器绑定之后,要在变形修改器中使用通道微调器来实现材质和几何体的变形。变形修改器中的空通道仅可以用于使材质变形,它不包含几何体变形数据,如图1-3-29所示。

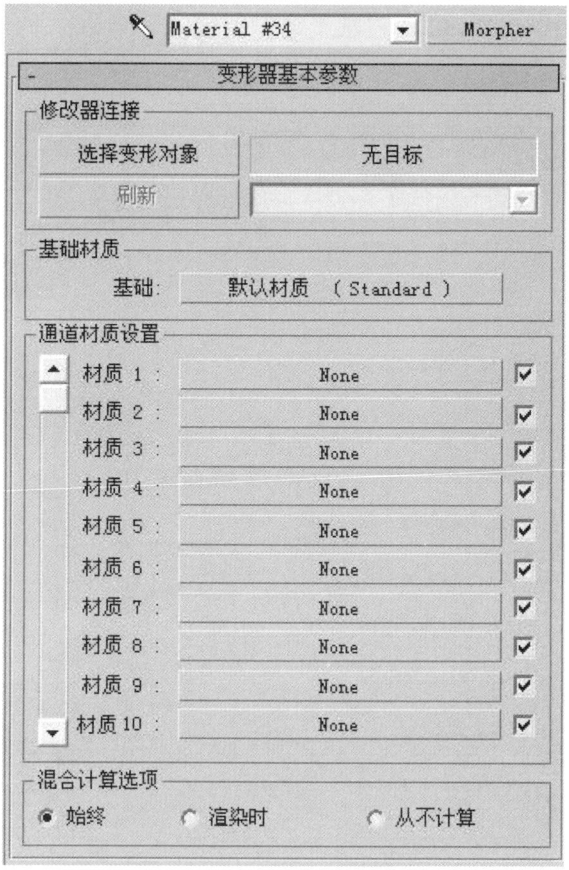

图1-3-29 变形器材质的界面

5.多维/子对象材质

使用多维/子对象材质可以为几何体的子对象级别分配不同的材质。创建多维材质,将其指定给对象并使用网格或多边形选择修改器选中面,然后选择多维材质中的子材质指定给选中的面。

如果该对象是可编辑网格或多边形,则可以拖放材质到面的不同选中部分,并随时构建一个多维/子对象材质。

使用材质编辑器"使唯一"功能可使实例子材质成为唯一副本。在多维/子对象材质级别上,示例窗的示例对象显示子材

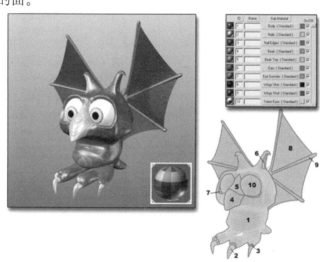

图1-3-30 使用多维/子对象材质进行贴图的图形

质的拼凑。要编辑子材质,可在"材质编辑器选项"对话框中勾选"在顶级下仅显示次级效果",如图1-3-30、1-3-31所示。

图1-3-31 多维/子对象材质界面

6.虫漆材质

虫漆材质通过叠加将两种材质混合,叠加材质中的颜色被称为"虫漆"材质,它被添加到基础材质的颜色中。"虫漆颜色混合"参数可以控制颜色混合的量,如图1-3-32、1-3-33所示。

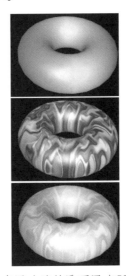

图1-3-32 上图:基础材质,中图:虫漆材质,下图:与50%的虫漆颜色混合后的材质

图1-3-33 虫漆材质界面

7.顶/底材质

使用顶/底材质可以向对象的顶部和底部指定两种不同的材质,并可以将两种材质混合在一起。对象的顶面是法线向上的面,底面是法线向下的面。可以选择"上"或"下"来引用场景的世界坐标或引用对象的本地坐标,如图1-3-34、1-3-35所示。

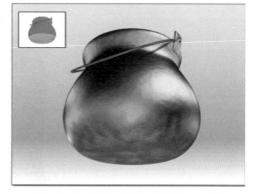

图1-3-34 顶/底材质为壶提供一个焦底

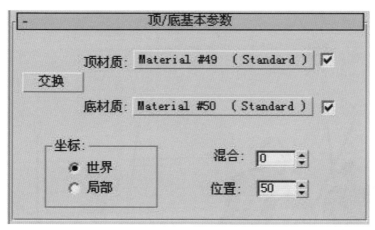

图1-3-35 顶/底材质界面

(四)Ink'n Paint材质

Ink'n Paint被称为卡通材质,用于创建卡通效果。与其他大多数材质提供的三维真实效果不同,卡通材质提供带有墨水边界的平面明暗处理。

由于是一种材质,因此可以创建将3D明暗处理对象与平面明暗处理卡通对象相结合的场景。在卡通材质中,墨水和绘制是两个可自定义设置的独立组件。

卡通使用光线跟踪器设置,因此调整光线跟踪加速可能对卡通的速度有影响。另外,在使用卡通时禁用抗锯齿可以加速处理,直到准备好创建最终渲染(禁用"墨水"选项可加速卡通材质渲染)。运动模糊不适用于卡通(通常,手工绘制的卡通不会出现运动模糊)。用卡通明暗处理的对象不会出现阴影,除非绘制级别的值大于或等于4。只有在摄影机视图或透视视图中进行渲染时,卡通才能生成正确结果,它在正交视图中不起作用,如图1-3-36、1-3-37、1-3-38所示。

图1-3-36 用卡通渲染的蛇

图1-3-37 将真实明暗处理与卡通
明暗处理相结合的渲染

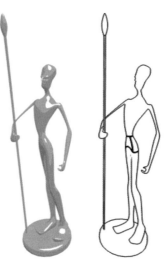

图1-3-38 左图:仅有绘制组件,
右图:仅有墨水组件

第四节　项目实训

一般材质可以使用多种效果进行连续添加,下边我们使用多维/子材质和Ink'n Paint材质联合制作一个卡通角色的材质效果。

一、多维/子对象材质制作

(1)首先创建一个模型,如图1-4-1所示。

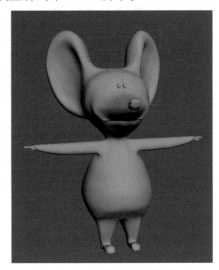

图1-4-1　创建好的模型

(2)选择模型。不管是编辑多边形还是编辑网格,当选择面层级后都会在右侧的修改器里出现"多边形:材质ID"这个卷展栏选项,这时我们可以通过选择面进行ID号的设置,操作如下:

选择模型的胳膊和手,在设置ID里输入2,然后敲击键盘上的回车键,完成ID2的设置,如图1-4-2所示。

图1-4-2　材质ID的设置

注意:一般情况下模型的ID1是不用设置的,因为整个模型的面默认就是ID1。

接下来选择腿部和脚,在设置ID里输入3,然后敲击键盘上的回车键,完成ID3的设置。依此类推选择颈部以上的头部,设置为ID4,眼睛设置为ID5,最后只剩下身体没有进行ID号的设置,那身体自然就是不用设置的ID1了。

当然,这么做是比较粗糙的一种选择,还可以将手、脚甚至耳朵等单独分开继续设置ID号,ID号的设置是没有限制的。

(3)给模型赋予一个标准材质,然后选择材质编辑器上的Standard按钮,如图1-4-3所示。

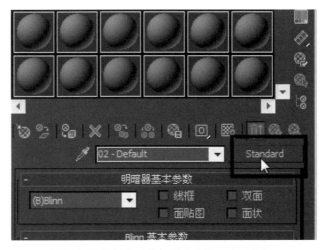

图1-4-3 选择材质编辑器上的Standard按钮

(4)在材质/贴图浏览器里选择多维/子对象,如图1-4-4所示。

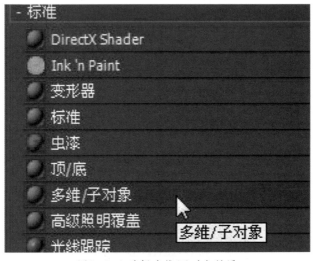

图1-4-4 选择多维/子对象材质

(5)此时会弹出一个对话框,询问是否要替换掉当前的标准材质,一般情况我们会使用默认的第二个选项保留,如图1-4-5所示。

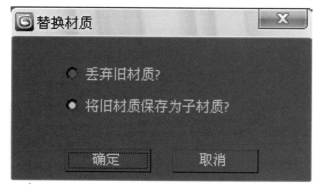

图1-4-5 使用默认选项点击确定

(6)然后就会打开多维/子材质的编辑界面,此时我们会根据刚才指定的ID数量(共设置了5个ID),使多维/子材质编辑界面的ID数量与其一致,默认是10个ID,如图1-4-6所示。

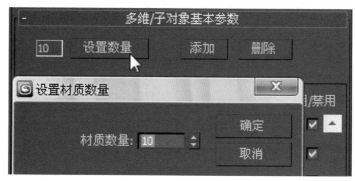

图1-4-6 设置ID数量

(7)这时就可以单独对这5个子材质的任何信息进行修改,如图1-4-7所示。

图1-4-7 单独设置子材质的任何信息

(8)对5个子材质的漫反射颜色进行修改,效果就会出现,如图1-4-8所示。

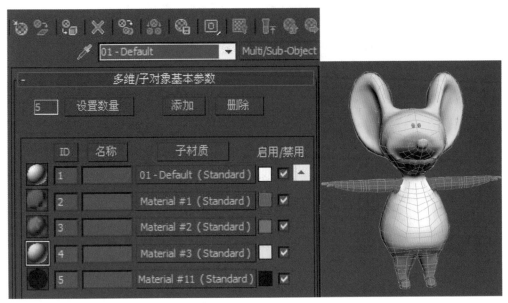

图1-4-8 修改子材质时在视图中会自动更新出修改后的效果

(9)我们可以选择一下模型的面,看一下是不是设置后的ID,然后按下键盘上的F9键,对当前部位进行渲染,如图1-4-9、1-4-10所示。

这就是多维/子材质带给我们的效果,可以使用一个母材质球设置无限个子材质在一个模型上进行修改。

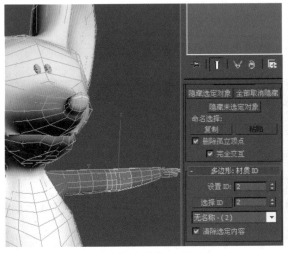

图1-4-9 选择胳膊的面,显示为ID2

图1-4-10 5个ID修改完渲染的效果

二、Ink'n Paint材质

(1)继续上面的制作,选择材质编辑器里面的多维/子对象材质按钮,如图1-4-11所示。

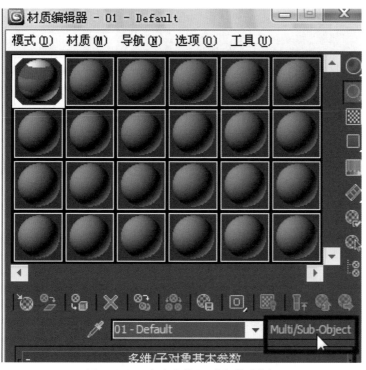

图1-4-11 点击多维/子对象材质按钮

(2)选择材质/贴图浏览器里面的Ink'n Paint材质,如图1-4-12所示。

图1-4-12 选择Ink'n Paint材质

(3)此时并没有出现替换提示,所以模型自然也就被Ink'n Paint材质彻底覆盖了,如图1-4-13所示。

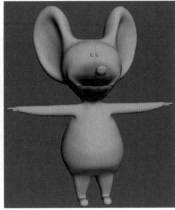

图1-4-13 卡通材质效果彻底覆盖了多维/子材质

(4)卡通材质的特点是不能在窗口中看到实时效果,必须进行渲染来看效果,如图1-4-14所示。

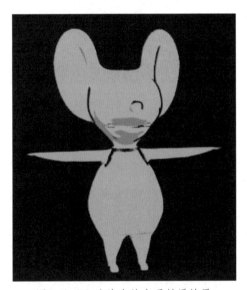

图1-4-14 渲染出的卡通材质效果

(5)卡通材质的颜色只能通过修改亮区颜色来改变,也就是说只能有一种颜色。如果想和多维/子材质结合,则需在标准材质转变为多维/子材质后,将子材质默认的标准材质一个个换成卡通材质,然后通过修改亮区颜色更改各个子材质颜色,如图1-4-15所示。

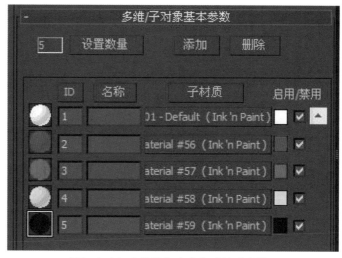

图1-4-15 子材质修改成卡通材质的界面

(6)想要好一些的卡通效果,需要修改绘制级别,一般都会调整到4以上,而边线的黑边和外轮廓颜色,都需要在墨水控制里进行修改,如图1-4-16所示。

图1-4-16 卡通材质的参数修改

图1-4-17 多维/子材质和卡通材质
结合的渲染效果

(7)调整完成后必须渲染才能看到效果,如图1-4-17所示。

【本章小结】

色彩和光线永远都是密不可分的两种元素,在学习三维材质贴图之前一定要有良好的色彩学基础知识和照明基础知识作为支撑,软件永远是一种辅助性手段,扩宽自己的知识面有助于我们下边的学习。

第二章

UVW贴图与UVW展开

贴图制作是动画和游戏中非常重要的一个制作环节,掌握一种高性能的制作软件是很有必要的,如图2-1-1所示。

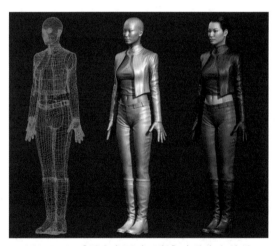

图2-1-1 《黑客帝国动画版》中的角色效果

第一节 贴图的应用

在材质编辑器贴图卷展栏里包括了所有可以加入贴图的材质,但是在一般的制作中只会加入三张贴图:漫反射颜色、高光级别(黑白图)和凹凸,这样模型的纹理细节基本上就能表现出来了。在一些特殊制作中也会用到不透明度贴图(也是黑白图,白色区域是显示,黑色区域是透明隐藏),如树叶、花朵的制作(如图2-1-2所示)。

贴图		
数量	贴图类型	
环境光颜色 ... 100	None	
漫反射颜色 ... 100	None	
高光颜色 100	None	
高光级别 100	None	
光泽度 100	None	
自发光 100	None	
不透明度 100	None	
过滤色 100	None	
凹凸 30	None	
反射 100	None	
折射 100	None	
置换 100	None	

图2-1-2 各种贴图通道

一、2D贴图

2D贴图是二维图像,它们通常被贴到几何对象的表面,或用作环境贴图来为场景创建背景。最简单的2D贴图是位图,其他种类的2D贴图按程序生成。

(一)位图

位图是由彩色像素的固定矩阵生成的图像,如马赛克。位图可以用来创建多种材质,从木纹和墙面到蒙皮和羽毛,也可以使用动画或视频文件替代位图来创建动画材质,如图2-1-3所示。

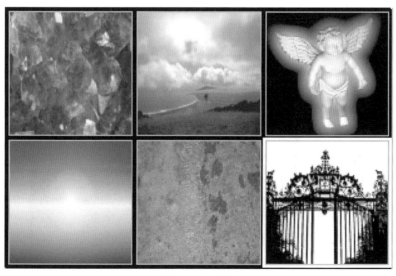

图2-1-3 位图

(二)棋盘格贴图

棋盘格贴图可以将两色的棋盘图案应用于材质,默认棋盘格贴图是黑白方块图案。棋盘格贴图是2D程序贴图,组件棋盘格既可以是颜色,也可以是贴图,如图2-1-4所示。

图2-1-4 用于桌布及(在合成中)用于冰淇淋商店地板的棋盘格贴图

(三)Combustion贴图

使用Combustion贴图,可以同时使用Autodesk Combustion软件和3ds Max交互式创建。使用Combustion在位图上进行绘制时,材质将在"材质编辑器"和明暗处理视口中自动更新。只有在系统中安装了Autodesk Combustion才能使用Combustion贴图(只支持Combustion 2.1和更高版本的格式,在3ds Max中不支持Combustion 1格式的贴图)。

(四)渐变贴图

渐变从一种颜色到另一种颜色进行明暗处理。操作时只需为渐变指定两种或三种颜色,3ds Max将插补中间值。渐变贴图是2D贴图,通过将一个色样拖动到另一个色样上可以交换颜色,然后单击"复制或交换颜色"对话框中的"交换"。要反转渐变的总体方向,可以交换第一种和第三种颜色,如图2-1-5、2-1-6所示。

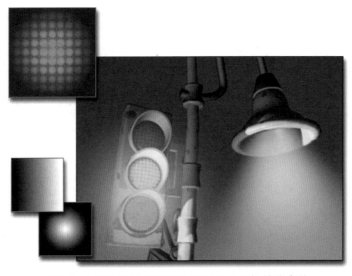

图2-1-5 渐变贴图用于信号灯,以及用于场景的背景

图2-1-6 平铺的渐变贴图材质(左图)和含噪波的渐变贴图材质(右图)

(五)渐变坡度贴图

渐变坡度贴图是与渐变贴图相似的2D贴图,它从一种颜色到另一种颜色进行着色。在这个贴图中,可以为渐变指定任何种类的颜色或贴图。它有许多用于高度自定义渐变的控件,几乎任何"渐变坡度"参数都可以设置动画,如图2-1-7所示。

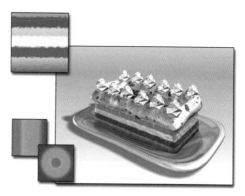

图2-1-7 渐变坡度用于蛋糕的层

(六)漩涡贴图

漩涡是一种2D程序的贴图,它生成的图案类似于两种口味冰淇淋的外观。如同其他双色贴图一样,任何一种颜色都可用其他贴图替换,举例来说,大理石与木材也可以生成漩涡,如图2-1-8所示。

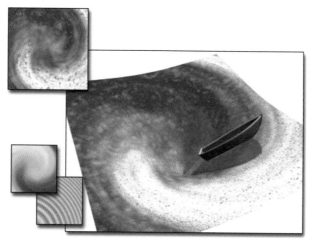

图2-1-8 旋涡用于创建涡流

(七)平铺贴图

使用"瓷砖"程序贴图,可以创建砖、彩色瓷砖等材质贴图。通常有很多定义的建筑砖块图案可以使用,但也可以设计一些自定义的图案,如图2-1-9所示。

图2-1-9 瓷砖用于房屋的墙壁

二、3D贴图

(一)细胞贴图

细胞贴图是一种程序贴图,用于生成各种视觉效果的细胞图案,包括马赛克瓷砖、鹅卵石表面甚至海洋表面,如图2-1-10所示。

图2-1-10 细胞贴图创建高脚杯纹理

(二)凹痕贴图

凹痕是3D程序贴图。在扫描线渲染过程中,"凹痕"会根据噪波产生随机图案,图案的效果取决于贴图类型,如图2-1-11所示。

图2-1-11凹痕贴图为左边的茶杯提供纹理;右边的茶杯具有相同的图案,但没有凹痕

(三)衰减贴图

"衰减"贴图基于几何体曲面上法线角度的衰减来生成从白到黑的值,用于指定角度衰减的方向会根据所选的方法而改变。根据默认设置,贴图会在法线从当前视图指向外部的面上生成白色,而在法线与当前视图相平行的面上生成黑色。与标准材质"扩展参数"卷展栏的"衰减"设置相比,"衰减"贴图提供了更多的不透明度衰减效果。可以将"衰减"贴图指定为不透明度贴图,但是为了获得特殊效果也可以使用"衰减",如彩虹色的效果。

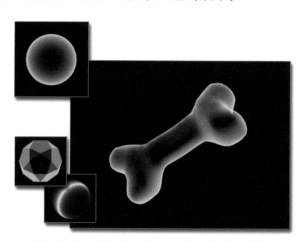

图2-1-12 "衰减"贴图可以创建半透明的外观

(四)大理石贴图

大理石贴图针对彩色背景生成带有彩色纹理的大理石曲面,它将自动生成第三种颜色。创建大理石的另一种方式是使用Perlin大理石贴图。

图2-1-13 用于栏杆的大理石贴图

(五)噪波贴图

噪波贴图基于两种颜色或材质的交互创建曲面的随机扰动,如图2-1-14所示。

图2-1-14 用于街道边缘的噪波贴图

(六)粒子年龄贴图

粒子年龄贴图用于粒子系统。通常,可以将粒子年龄贴图指定为漫反射贴图或在"粒子流"中指定为材质动态操作符。它基于粒子的寿命更改粒子的颜色(或贴图),系统中的粒子以一种颜色开始,在指定的年龄它们开始更改为第二种颜色(通过插补),然后在消亡之前再次更改为第三种颜色。粒子年龄贴图不显示在视口中,如图2-1-15所示。

图2-1-15 使用粒子年龄贴图可随着时间的推移更改粒子的外观

(七)粒子运动模糊贴图

粒子运动模糊贴图用于粒子系统。该贴图基于粒子的运动速率更改其前端和尾部的不透明度。它通常用作不透明贴图,但是为了获得特殊效果,可以将其作为漫反射贴图。粒子运动模糊贴图不显示在视口中,如图2-1-16所示。

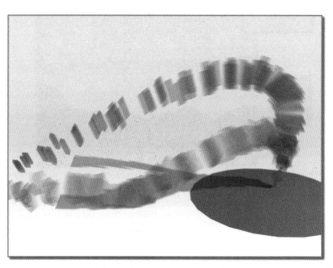

图2-1-16 使用粒子运动模糊贴图可以使粒子随着移动逐渐模糊

(八)Perlin大理石贴图

Perlin大理石贴图使用"Perlin湍流"算法生成大理石图案。此贴图是大理石贴图(同样是3D材质)的替代方法,如图2-1-17所示。

图2-1-17 用于高脚杯纹理的Perlin大理石贴图

(九)烟雾贴图

烟雾是一种生成无序、基于分形的湍流图案的3D贴图。它主要用于设置动画的不透明贴图,以模拟一束光线中的烟雾效果或其他云状流动贴图效果,如图2-1-18所示。

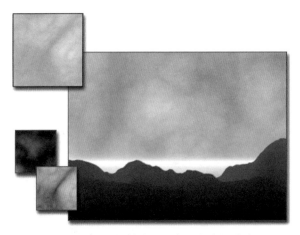

图2-1-18 用于创建天空中云彩的烟雾贴图

(十)斑点贴图

斑点是一种3D贴图,它生成斑点的表面图案,该图案用于漫反射贴图和凹凸贴图以创建类似花岗岩的表面或其他图案的表面,如图2-1-19所示。

图2-1-19 斑点贴图用于岩石

(十一)泼溅贴图

泼溅是一种3D贴图,它可以生成分形表面图案,对于漫反射贴图创建类似于泼溅的效果非常有用,如图2-1-20所示。

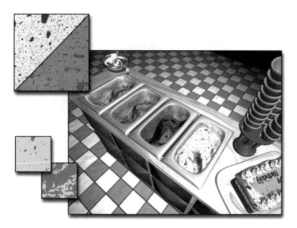

图2-1-20 泼溅贴图用于冰淇淋的图案

(十二)灰泥贴图

灰泥是一种3D贴图,它可以生成一个表面图案,该图案对于凹凸贴图创建灰泥表面的效果非常有用,如图2-1-21所示。

图2-1-21 灰泥贴图用于涂抹墙壁

(十三)波浪贴图

波浪是一种可以生成水花或波纹效果的3D贴图。它生成一定数量的球形波浪中心并将它们随机分布在球体上。操作者可以控制波浪组的数量、振幅和波浪速度。波浪贴图相当于是一种同时具有漫反射和凹凸效果的贴图,在与不透明贴图结合使用时,它也非常有用,如图2-1-22所示。

图2-1-22 波浪贴图用于喷泉池

(十四)木材贴图

木材是3D程序贴图,此贴图可以将整个对象的体积渲染成波浪纹图案。操作者可以控制纹理的方向、粗细和复杂度,要把木材用作漫反射颜色贴图,将指定给"木材"的两种颜色进行混合使其形成纹理图案。在制作时,可以用其他贴图来代替其中任意一种颜色,也可以将"木材"用到其他的贴图类型中。当使用凹凸贴图时,"木材"会将纹理图案当做三维雕刻板面来进行渲染,如图2-1-23所示。

图2-1-23 木材贴图用于长椅

三、合成器贴图

合成器专用于合成其他颜色或贴图。在图像处理中,合成图像是指将两个或多个图像叠加以将其组合。

(一)合成贴图

合成贴图类型由其他贴图组成,并且可使用alpha通道和其他方法将某层置于其他层之上。对于此类贴图,可使用已含alpha通道的叠加图像或使用内置遮罩工具仅叠加贴图中的某些部分,视口可以在合成贴图中显示多个贴图,如图2-1-24所示。对于多个贴图显示,显示驱动程序必须是OpenGL或者Direct 3D(软件显示驱动程序不支持多个贴图显示)。

图2-1-24 合成贴图将星星、月亮和光晕组合到天空中

(二)遮罩贴图

使用遮罩贴图,可以在曲面上通过一种材质查看另一种材质。遮罩控制应用到曲面上第二个贴图的位置,默认情况下,浅色(白色)的遮罩区域为不透明,显示贴图,深色(黑色)的遮罩区域为透明,显示基本材质。可以使用"反转遮罩"来反转遮罩的效果,如图2-1-25所示。

图2-1-25 遮罩贴图将标签应用于灭火器

(三)混合贴图

通过混合贴图可以将两种颜色或材质合成在曲面的一侧,也可以将"混合数量"参数设为动画然后画出使用变形功能曲线的贴图,来控制两个贴图随时间混合的方式。混合贴图中的两个贴图都可以在视口中显示,如图2-1-26所示。对于多个贴图显示,显示驱动程序必须是OpenGL或者Direct 3D(软件显示驱动程序不支持多个贴图显示)。

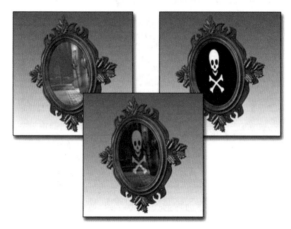

图2-1-26 混合贴图使用反射的场景混合头骨和交叉腿骨

(四)RGB倍增贴图

RGB倍增贴图通常用于凹凸贴图,在此可能要组合两个贴图,以获得正确的效果。此贴图通过将RGB值相乘组合两个贴图。对于每个像素,一个贴图的红色相乘将使第二个贴图的红色加倍,同样蓝色相乘使蓝色加倍,绿色相乘使绿色加倍。如果贴图拥有alpha通道,则"RGB倍增"既可以输出贴图的alpha通道,也可以输出通过将两个贴图的alpha通道值相乘创建出的新alpha通道,如图2-1-27所示。

图2-1-27 左图:烟灰缸上无凹凸贴图,右图:"RGB 相乘"用作凹凸贴图以增强烟灰缸的纹理

四、反射和折射贴图

(一)平面镜贴图

平面镜贴图应用到共面的集合时生成反映环境对象的材质,可以将它指定为材质的反射贴图。反射/折射贴图不适合平面曲面,因为每个面基于其面法线所指的地方反射部分环境,使用此技术,一个大平面只能反射环境的一小部分。而"平面镜"自动生成包含大部分环境的反射,能更好地模拟类似镜子的曲面,如图2-1-28所示。

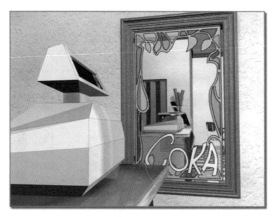

图2-1-28 平面镜贴图反射出冰淇淋商店的内部

(二)光线跟踪贴图

使用光线跟踪贴图可以提供全部光线跟踪反射和折射,生成的反射和折射比反射/折射贴图更精确,渲染光线跟踪对象的速度比使用反射/折射的速度低。另外,光线跟踪适于对3ds Max场景进行渲染,并且通过将特定对象或效果排除于光线跟踪之外进一步优化场景。操作者还可以使用光线跟踪材质,该材质使用相同的光线跟踪器生成更精确的光线跟踪反射和折射,如图2-1-29所示。

图2-1-29 使用"光线跟踪"贴图可以创建高度反射和折射的曲面

光线跟踪贴图和光线跟踪材质之间的区别为:

(1)使用光线跟踪贴图与使用其他贴图的操作一样,这意味着可以将光线跟踪反射或折射添加到各种材质中。

(2)可以将光线跟踪贴图指定给材质组件,反射或折射除外,尽管它们是使用此贴图的主要效果。

(3)光线跟踪贴图比光线跟踪材质拥有更多衰减控件。

(4)通常,光线跟踪贴图比光线跟踪材质渲染得更快。

由于光线跟踪贴图和光线跟踪材质使用相同的光线跟踪器并共享全局参数,因此它们具有相同的名称。

(三)反射/折射贴图

反射/折射贴图生成反射或折射表面。要创建反射,需指定此贴图类型作为材质的反射贴图,要创建折射,需将其指定为折射贴图。一个反射对象可反射另一个反射对象,在现实世界中,这会生成几乎无限次的相互反射。在3ds Max中,一般将相互反射的次数设置为1至10范围内的数字,可在"渲染设置"对话框中设置此"渲染迭代次数"参数。

图2-1-30 反射/折射贴图用于气球

反射表面和镜子一样,反射周围的贴图,折射表面生成通过表面看到周围贴图的视觉效果。反射/折射专门用于弯曲或不规则形状的对象。对于要准确反映环境的类似镜子的平面,应使用平面镜材质,而要实现更准确地反射,特别是反射介质中的对象(如一杯水中的一支铅笔),应使用薄壁折射材质。

(四)薄壁折射贴图

薄壁折射模拟缓进或偏移效果,观看覆盖一块玻璃的图像就会出现这种效果。对于为玻璃建模的对象(如窗口窗格形状的"框"),这种贴图的速度更快,所用内存更少,并且提供的视觉效果要优于"反射/折射"贴图,如图2-1-31所示。

当100%折射和不透明时,看不到任

图2-1-31 薄壁折射

何漫反射颜色或贴图，几乎也没有反射材质的视觉效果。要实现这一效果，可在父级材质的"贴图"卷展栏中，将"折射量"设置为50%，在"基本参数"卷展栏中，将"不透明度"设置为大于0的值。

第二节　UVW贴图

在我们熟悉的各款三维软件中，都提供了一系列针对UVW贴图的修改器，目的是更精确地确定贴图的位置，下面我们以3ds Max软件为例进行讲解。

通过将贴图坐标应用于对象，UVW贴图修改器可以控制在对象曲面上如何显示贴图材质和程序材质，贴图坐标将指定如何将位图投影到对象上。UVW坐标系与XYZ坐标系相似，位图的U和V轴对应于X和Y轴，对应于Z轴的W轴一般仅用于程序贴图。操作者可在材质编辑器中将位图坐标系切换到VW或WU，在这些情况下，位图被旋转和投影，以使其与该曲面垂直，如图2-2-1所示。

图2-2-1 贴图球体和长方体

默认情况下，基本体对象(如球体和长方体)与放样对象和NURBS 曲面一样具有贴图坐标。扫描、导入或手动构造的多边形或面片模型不具有贴图坐标系，直到应用了UVW贴图修改器。

一、变换UVW贴图Gizmo

UVW贴图Gizmo将贴图坐标投影到对象上，可定位、旋转或缩放Gizmo以调整对象上的贴图坐标，还可以设置Gizmo的动画。如果选择新的贴图类型，Gizmo变换仍然生效。如果缩放球形贴图Gizmo，并切换到平面贴图，那么还会缩放平面贴图Gizmo,如图2-2-2、2-2-3所示。

图2-2-2 激活Gizmo

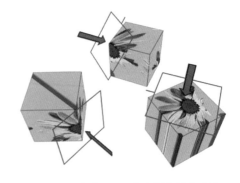

图2-2-3 移动Gizmo后贴图位置的变化

对于平面、球形、圆柱形和收缩包裹贴图,一条黄色的短线指示贴图顶部。Gizmo的绿色边指示贴图右侧,在球形或圆柱形贴图上,绿色边是左右边的接合处。必须在修改器显示层次中选择Gizmo,才能显示Gizmo,如图2-2-4所示。

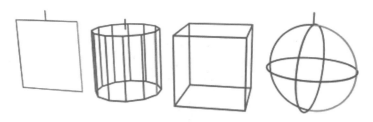

图2-2-4 从左到右:平面、柱形、长方体和球形不同投影类型的Gizmo

移动Gizmo会更改投影中心并影响所有类型的贴图;旋转Gizmo会更改贴图方向,影响所有类型的贴图;均匀缩放不影响球形或收缩包裹贴图;非均匀缩放影响所有类型的贴图。如果缩放的Gizmo小于几何体,会创建平铺效果,除非缩放对所使用的贴图类型不生效。基于Gizmo大小的平铺是对"材质编辑器坐标"卷展栏中设置的贴图平铺值或UVW贴图修改器中的平铺控件的补充。

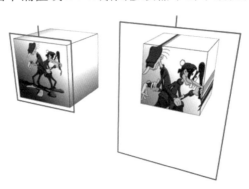

图2-2-5 Gizmo的大小影响如何对对象应用贴图

二、UVW 贴图类型

启用Gizmo变换,在此子对象层级,可以在视口中移动、缩放和旋转Gizmo以定位贴图。在"材质编辑器"中,启用"在视口中显示贴图"选项以便在着色视口中显示贴图,变换Gizmo时贴图在对象表面上移动,如图2-2-6所示。

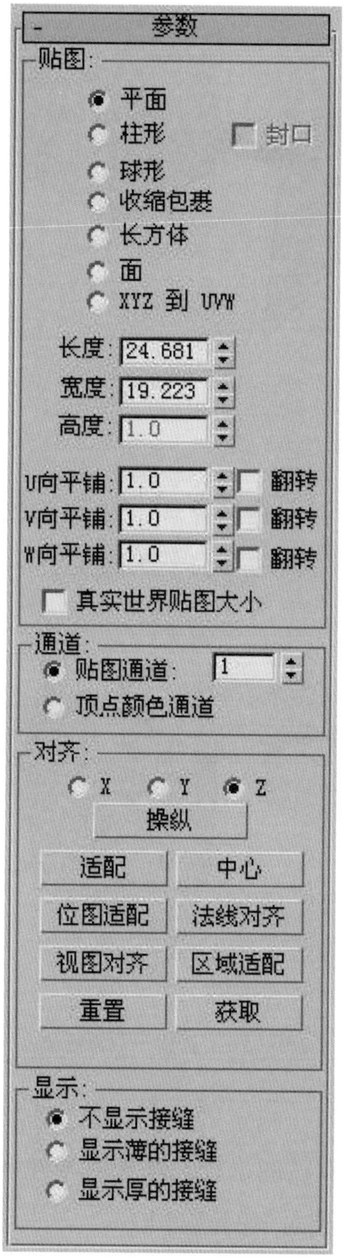

图2-2-6 UVW贴图界面

确定所使用的贴图坐标的类型,通过贴图在几何体上投影到对象的方式以及投影与对象表面交互的方式,来区分不同种类的贴图。

(一)平面

从对象上的一个平面投影贴图,在某种程度上类似于投影幻灯片。在对象的一侧贴图时,会使用平面投影。它还可以用于倾斜地在多个侧面贴图,以及在对称对象的两个侧面贴图,如图2-2-7所示。

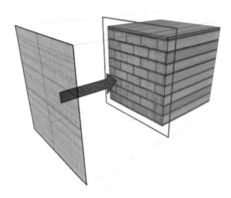

图2-2-7 平面贴图投影

(二)柱形

从圆柱体投影贴图,使其包裹住对象。位图接合处的缝是可见的,除非使用无缝贴图。圆柱形投影一般用于基本形状为圆柱形的对象,如图2-2-8所示。

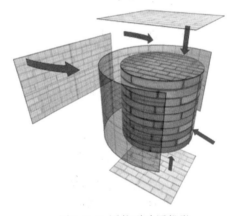

图2-2-8 圆柱形贴图投影

(三)封口

对圆柱体封口应用平面贴图坐标。如果对象几何体的两端与侧面没有形成正确角度,封口投影将扩散到对象的侧面上。

(四)球形

通过从球体投影贴图来包围对象。在球体顶部和底部,位图边与球体两极交汇处会看到缝和贴图奇点。球形投影一般用于基本形状为球形的对象,如图2-2-9所示。

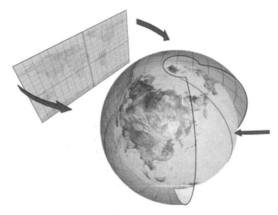

图2-2-9 球形贴图投影

(五)收缩包裹

使用球形贴图,但是它会截去贴图的各个角,然后在一个单独极点将它们全部结合在一起,仅创建一个奇点。收缩包裹贴图用于隐藏贴图奇点,如图2-2-10所示。

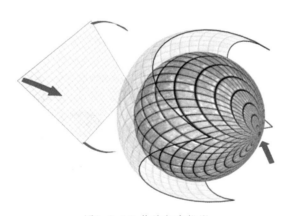

图2-2-10 收缩包裹投影

(六)长方体

从长方体的六个侧面投影贴图。每个侧面投影为一个平面贴图,且表面上的效果取决于曲面法线,如图2-2-11所示。

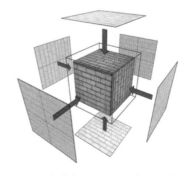

图2-2-11 长方体投影(可显示在长方体和球体上)

(七)面

对对象的每个面应用贴图副本。可以使用完整矩形贴图来贴图共享隐藏边的成对面,还可以使用贴图的矩形部分贴图不带隐藏边的单个面,如图2-2-12所示。

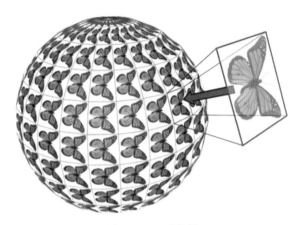

图2-2-12 面投影

(八)XYZ 到 UVW

将3D程序坐标贴图应用于UVW坐标,这会将程序纹理贴到表面。如果表面被拉伸,3D程序贴图也被拉伸。对于包含动画拓扑的对象,可结合程序纹理(如细胞)使用此选项。当前,如果选择了NURBS 对象,那么"XYZ到UVW"不能用于NURBS对象且不可操作。材质和"UVW贴图"修改器中使用相同的贴图通道,如图2-2-13所示。

图2-2-13 右:在对象上使用"XYZ 到 UVW"
会贴上3D程序纹理并使其随曲面拉伸

第三节　UVW展开

UVW贴图在处理一些规格化的模型时是很有用的,但对于人物角色模型就有些"力不从心"了,所以UVW展开就应运而生了,如图2-3-1所示。

图2-3-1 角色进行UVW展开后绘制贴图的效果

一、UVW 展开

图2-3-2 UVW展开修改器列表界面

可以通过先选择子对象面,然后添加"UVW贴图"修改器来创建一个修改器堆栈,以指定贴图类型。然后,可以使用"展开UVW"修改器再进行展开。在"展开UVW"修改器之内可以选择子对象的顶点、边、面,当选择面时,可以使用平面和其他方法对其进行贴图展平。例如,要使用平面贴图来为角色面部贴图,可以先选择面部的面("幅"和"选择"不搭配),然后单独为所选面进行平面贴图,接着可对面部编辑UVW坐标,这些都可以在"展开UVW"修改器内完成,如图2-3-2、2-3-3所示。

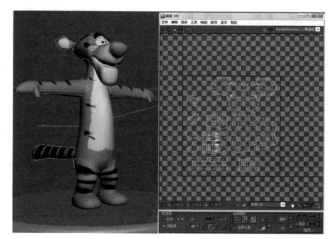

图2-3-3 实例操作效果

二、编辑UVW

"展开UVW"中的实例化功能使在多个对象间添加纹理变得更加简单,只需进行选择,然后应用"展开UVW"即可。在打开编辑器时,将看到所有包含修改器实例的选定对象的贴图坐标。编辑器会显示每个对象的线框颜色,这样就可以区分不同的对象,如图2-3-4所示。

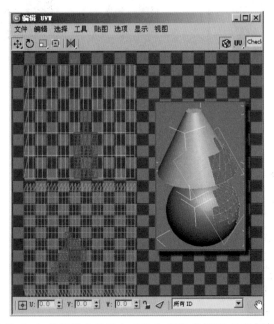

图2-3-4 左:编辑器中的两个对象的 UVW 坐标(显示线框颜色)
右:视口中带有共享"展开UVW"修改器的对象

调整UVW时,在编辑UVW操作器中,可以先选择点和线进行缝合(使用鼠标右键的选定缝合选项),如图2-3-5、2-3-6所示。

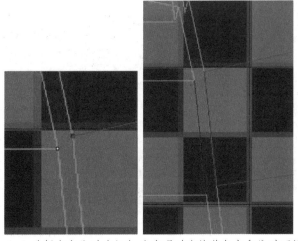

图2-3-5 选择点和线时为红色,当出现对应的蓝色点和线时可缝合

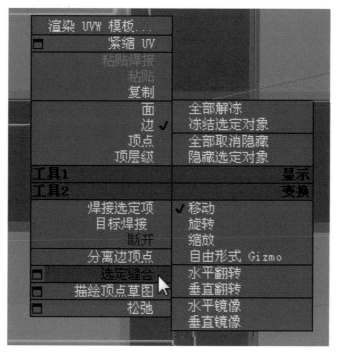

图2-3-6 鼠标右键的选定缝合

有时也可以选择面并使用鼠标右键将其断开,移动到可以进行缝合的位置再缝合,如图2-3-7所示。

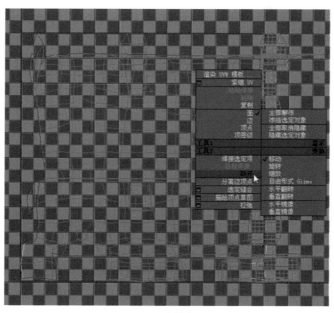

图2-3-7 右键断开面

当对头部进行UVW展开时,由于人脸的复杂性(细节过多),可以使用编辑UVW操作器工具里的松弛命令,如图2-3-8、2-3-9所示。

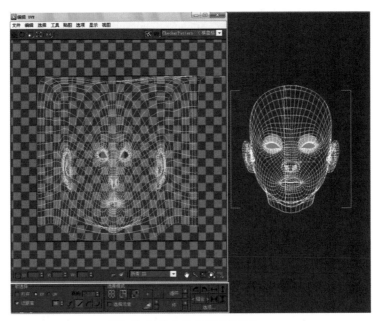

图2-3-8 角色头部模型展UVW

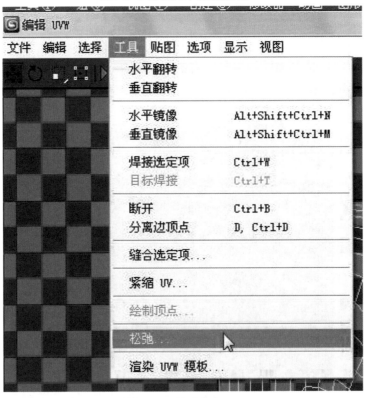

图2-3-9 松弛命令

注意:在使用松弛命令时,可以使用点选择密集的部位(点和线出现叠加的地方),并在松弛工具中使用由中心松弛,然后点击应用直至全部点和线不重叠为止,如图2-3-10、2-3-11、2-3-12所示。

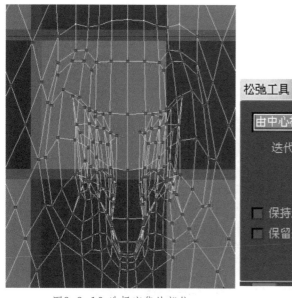

图2-3-10 选择密集的部位

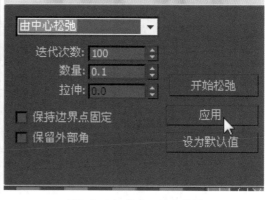

图2-3-11 松弛工具的设置

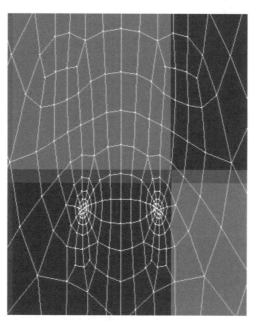

图2-3-12 最终效果

在贴图参数卷展栏里可以根据模型形状进行各种适配,类似于UVW贴图,这里有一个自动展平工具毛皮(pelt),是非常好用的,如图2-3-13所示。

贴图参数

☑ 预览快速贴图 Gizmo

○ X ○ Y ○ Z

◉ 平均法线

快速平面贴图

扭曲

平面	毛皮
柱形	球形
长方体	样条线
对齐 X	对齐 Y
对齐 Z	最佳对齐
适配	对齐到视图
中心	重置

☑ 规格化贴图

编辑接缝

点到点的接缝

边选择转换为接合口

将面选择扩展至接合口

图2-3-13 贴图参数界面

贴图参数里的命令都必须选择面才可以被激活使用，使用毛皮命令前需要对模型的接缝进行重新绘制编辑，选择点到点的接缝，操作者可以绘制模型的接缝线(接缝都是在模型背面)，如图2-3-14所示。

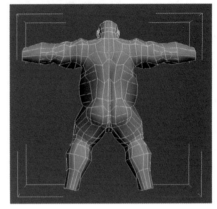

图2-3-14 模型背面重新绘制的接缝

编辑毛皮贴图，选择开始毛皮，当发现弹簧拉不动时，可使用Alt键+缩放工具把弹簧拉大(按住Alt键可以向中心缩放)，只要不点击提交就可以无限调整。但是不要模型整体使用毛皮，最好是局部使用毛皮，这样效果好也很快捷方便，如图2-3-15、2-3-16、2-3-17所示。

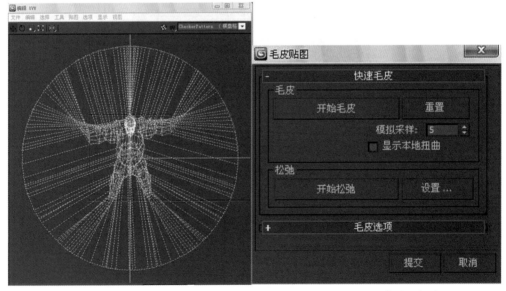

图2-3-15 初始状态有很多弹簧   图2-3-16 毛皮贴图操作

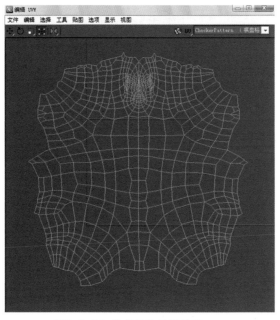

图2-3-17 提交后的最终效果

第四节　Deep Paint 3D软件

现今的三维软件如Maya、3ds Max等,其功能随着版本的更新换代也是越发强大,但偶尔借助插件软件提高作品的制作效率,也是制作中常见的方法。本节我们介绍由Right Hemisphere公司研发的Deep Paint 3D软件,用它制作模型贴图效果,充分体现了插件软件对制作效率的提升作用,如图2-4-1所示。

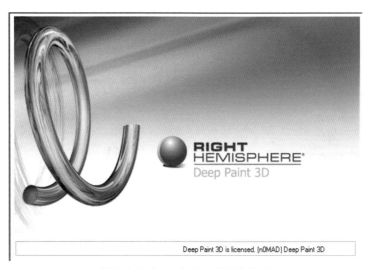

图2-4-1 Deep Paint 3D开启界面

Deep Paint 3D可安装在多款三维和二维软件中,如LightWave、3ds Max、Maya、Photoshop、XSI,可以在这些软件中随意地导入导出,如图2-4-2所示。

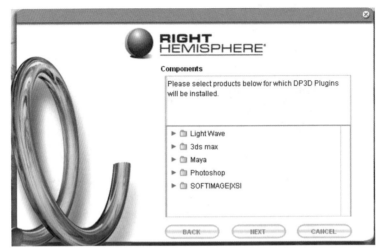

图2-4-2 Deep Paint 3D安装时可支持的软件种类

需要我们注意的是,Photoshop的插件安装在增效工具文件夹中的滤镜文件夹内,而其他三维软件导入Deep Paint 3D前必须将模型的UV展平后才可以绘制贴图。使用Deep Paint 3D可以处理对称模型中线接缝处对称贴图的不一致问题。

在这些三维软件中,模型的UV展平后可以将其导出为多种格式文件,例如使用3ds Max时会导出3DS格式,如图2-4-3所示。

图2-4-3 Deep Paint 3D打开中的多种格式

打开Deep Paint 3D后我们会发现界面类似于Photoshop,左侧的工具面板几乎跟Photoshop一样,但有些工具如放大工具 🔍 和旋转工具 🔁 的操作略有不同,如图2-4-4所示。

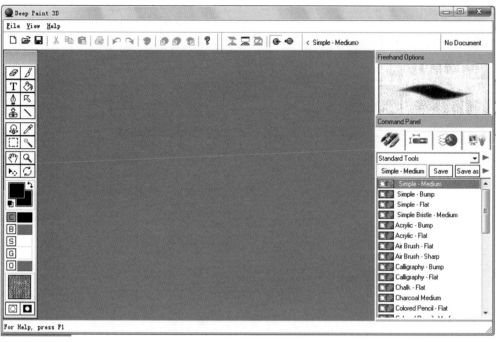

图2-4-4 Deep Paint 3D的操作界面

右侧的编辑面板包括四个小面板,由左到右依次为画笔、笔刷设置、层设置、显示和灯光,如图2-4-5所示。

图2-4-5 编辑面板

画笔种类很多,我们可以随意选择其中一种并且通过编辑面板上方的预览显示面板进行观察,如图2-4-6所示。

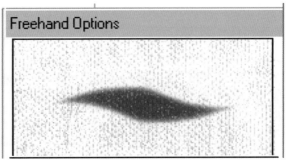

图2-4-6 预览显示面板显示的笔刷效果

笔刷设置主要是对画笔的大小、强度等进行设置,如图2-4-7所示。

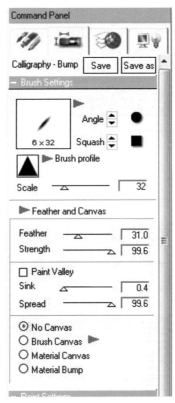

图2-4-7 笔刷设置的内容

层设置主要包括3个选项,由左至右依次为通道、材质和物体。通道选项中当导入模型后会出现5个通道选择,分别是C(漫反射)、B(凹凸)、G(光泽度)、S(高光强度)、O(透明度)。一般选择C(漫反射)通道后出现 Nothing An Image Color ,可以选择添加位图和颜色进行模型材质贴图的编辑,如图2-4-8所示。

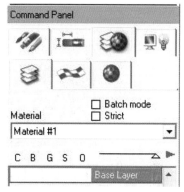

图2-4-8 打开模型后5个通道被激活

　　显示和灯光面板主要用于修改导入模型后的默认灯照效果和模型的材质、凹凸等参数,也可以隐藏默认灯光,如图2-4-9所示。

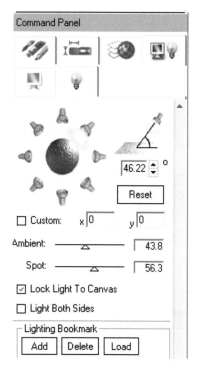

图2-4-9 显示和灯光修改默认灯照参数

　　用Deep Paint 3D对模型绘制完成后,还可以导入Photoshop中对材质贴图继续进行修改,如图2-4-10所示。

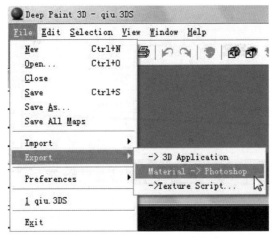

图2-4-10 导入Photoshop的方法

对绘制完成的材质贴图可以选择文件下拉菜单中的Save All Maps,然后在弹出的面板中修改保存文件的名字和存储的格式、位置,即可在三维软件的材质系统中使用这个贴图,完成制作,如图2-4-11所示。

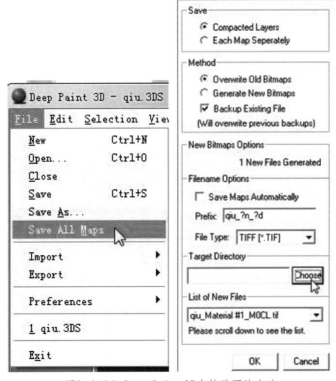

图2-4-11 Deep Paint 3D存储贴图的方法

第五节　项目实训：烘焙贴图制作

在游戏和虚拟世界的制作中，很多后台软件对模型的漫反射贴图只支持导入一张，并通过这一张贴图对模型的全部材质灯光效果进行制作(可在预览窗口中看到实时效果)，如图2-5-1所示。

图2-5-1　游戏中可实时操作的画面

而在动画制作中，场景模型贴图和灯光都很多，渲染时会大大降低渲染速度，因此可以使用烘焙的办法将贴图和灯光信息输出成一张贴图，这样渲染速度会比之前快很多，但缺点是画面质量可能会有所损失，如图2-5-2所示。

图2-5-2　使用烘焙贴图渲染的场景

对于初学者或展UV尚未掌握好的制作者而言，可能不会使用展UV后再绘制贴图的方法。这种情况下就可以使用烘焙贴图里自带的自动展平来帮助制作者展平UV、制作贴图。

下面我们对图2-5-2渲染的场景进行烘焙贴图的学习。

(1)首先使用多边形建模制作一个简单的场景，如图2-5-3所示。

图2-5-3 制作的场景

(2)此场景中我们加入了三张贴图,包括指示牌的贴图、墙壁的贴图和上方白色灯光的贴图,然后加入了一盏泛光灯,如图2-5-4所示。

图2-5-4 在摄影机视图里的预览效果

(3)在右侧命令面板中选择倒数第二个显示面板,我们对灯光进行隐藏,如图2-5-5所示。

图2-5-5 显示面板中隐藏灯光

（4）选择这个场景中的一个多边形，使用编辑多边形工具里的附加命令，再使用附加列表将场景中所有的几何体附加成一个，如图2-5-6所示。

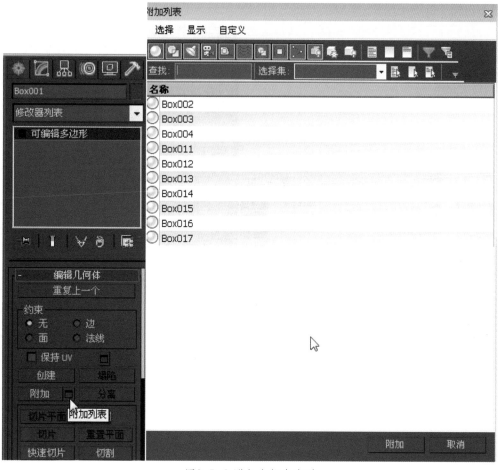

图2-5-6 附加全部多边形

（5）由于材质的ID不同，点击附加后会弹出一个对话框，我们使用默认选择确定即可，如图2-5-7所示。

图2-5-7 材质ID附加选项

（6）此时我们制作烘焙贴图的前期准备工作就已经完成了。注意使用烘焙必须将模型附加成唯一，而且模型表面最好同时添加贴图而不能只添加材质，要把当前的灯光光照打好,这样包括贴图和光照等信息都会烘焙到一张贴图里。

(7)选择需要烘焙的模型后打开渲染下拉菜单,选择"渲染到纹理"即可打开烘焙贴图的操作面板,也可以直接使用快捷键0,如图2-5-8所示。

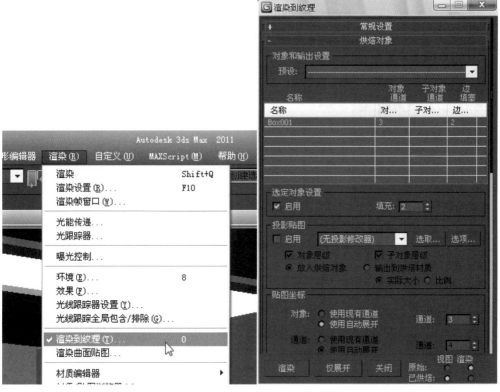

图2-5-8 打开烘焙贴图的操作面板

(8)在"渲染到纹理"操作面板中,先打开最上端的常规设置卷展栏,对输出进行设置,默认路径为工程目录里Sceneassets文件夹的下级文件夹images,如图2-5-9所示。

图2-5-9 渲染到纹理输出路径

(9)查看贴图坐标里面的对象通道,通常不修改使用默认通道即可,如果修改的话一般只会改成1通道,通道数决定了烘焙贴图制作完成后显示贴图效果的开关,如图2-5-10所示。

图2-5-10 对象通道

(10)在输出卷展栏中,选择添加按钮,通常使用CompleteMap(完整贴图)将场景中所有信息都渲染到贴图里,如果是制作法线贴图则选择NormalsMap,如图2-5-11所示。

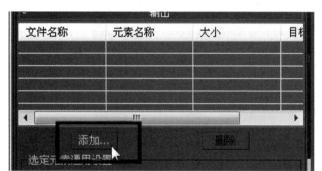

图2-5-11 添加完整贴图

(11)在输出下边的选定元素通道设置中,我们可以修改名称和输出类型,一般使用默认选项,而目标贴图位置一般选择漫反射颜色,因为场景中的模型贴图主要是漫反射贴图通道中的贴图,如果有其他贴图内容,需要再选择目标贴图位置里的种类,然后进行烘焙即可,如图2-5-12所示。

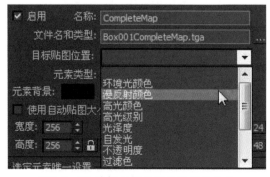

图2-5-12 选择目标贴图位置里的种类

(12)选择输出的贴图尺寸大小,最低效果为128×128,现在已很少使用,之后都以基础数值2的幂次方来计算,所以只会有256、512、768、1024、2048等数值。数值越高,贴图越清晰,占用空间也越大。现在高清游戏的制作已经出现了4096甚至更高的数值,但3ds Max 2011版并没有此选项可选,我们可以手动修改,但在渲染时通常会报错,如图2-5-13所示。

图2-5-13 手动输入4096×4096的大小

(13)往下打开自动贴图卷展栏,这个卷展栏可以调节自动展UV对空间的利用,我们可以通过修改间距和最大、最小值来调整UV大小,但通常使用默认选项,如图2-5-14所示。

图2-5-14 调整UV大小的卷展栏

(14)最后将面板右下角里面的视图和渲染均选择到已烘焙,点击渲染即可,如果出现错误或想停止渲染可以按键盘上的ESC键停止渲染,如图2-5-15所示。

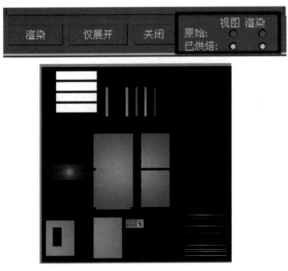

图2-5-15 自动展UV的渲染结果

（15）这时先选择模型中隐藏的灯光并将其删除，然后重新给予模型一个没有使用过的默认材质球并将烘焙贴图导入材质球的漫反射通道里，会出现如图2-5-16所示的效果。

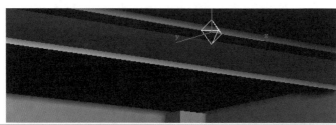

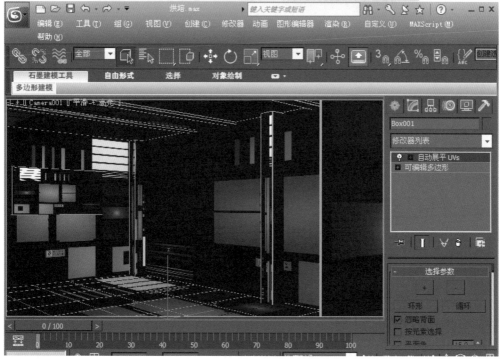

图2-5-16 导入新材质使用烘焙贴图后的效果

此效果并不是我们想要的效果，接下来进入漫反射贴图中将贴图通道改成我们输出烘焙时设定的对象通道数，如图2-5-17所示。

图2-5-17 修改贴图通道和烘焙的对象通道一致

修改成功后会看到如图2-5-18所示的效果。

图2-5-18 默认自动展平的实时效果

(16)默认效果比没有烘焙之前的效果差很多,贴图质量明显降低了很多,这种效果不管是用于游戏还是动画都不理想。

此时我们会发现,烘焙出来的贴图UV分布并不均匀,尤其是该大的地方没大,如红色警示牌的贴图太小了,我们需要手动调节UV的分布,将需要突出的地方调大,不显眼的地方调小。点击右侧自动展平UVs编辑面板中的编辑,弹出UV分布图,如图2-5-19所示。

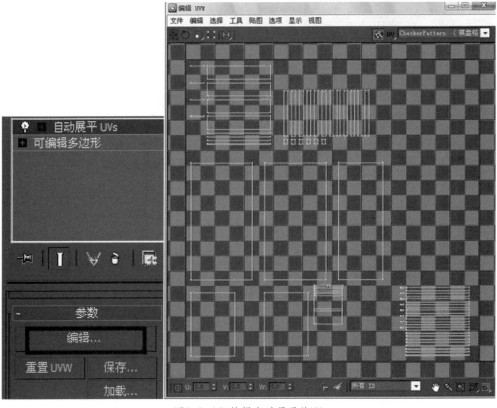

图2-5-19 编辑自动展平的UV

（17）点击"编辑ＵＶＷ"视图右上角拾取出刚才烘焙出来的贴图，如图2-5-20所示。

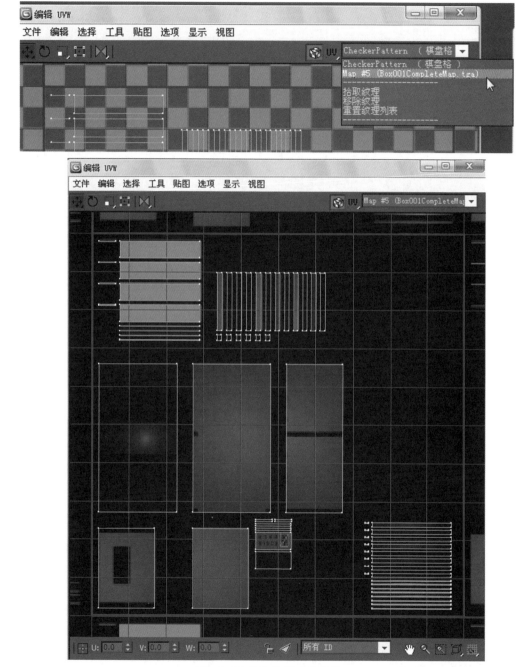

图2-5-20 拾取贴图后的效果

（18）注意，此时场景需回到没有添加新材质球之前的状态，也就是初始状态才可继续烘焙。可以使用撤销工具进行撤销直到恢复到最初的贴图效果，我们可发现自动展平UVs不会随着使用撤销工具而撤销掉，如图2-5-21所示。

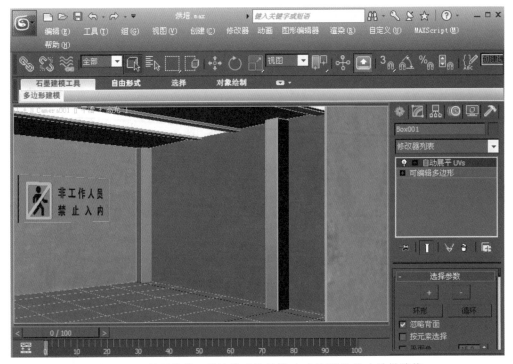

图2-5-21 使用撤销工具恢复后的效果,自动展平UVs没有被撤销掉

(19)回到初始状态后,可以调整UV了。将红色警示牌展平的UV线选中后拖至没有被利用的空间处并将其放大,其他部位亦如此,选择后可放大,充分把空间利用起来,并可以任意对UV线进行编排,如图2-5-22所示。

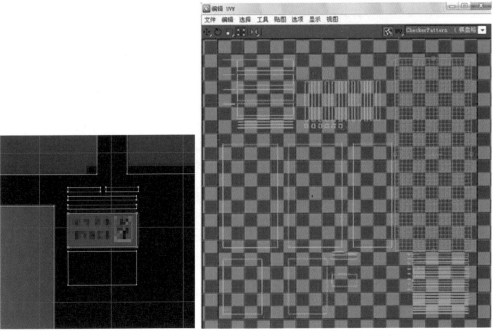

图2-5-22 选择需要调整的UV线(可随意调整,只要不出粗线蓝框)

(20)调整完成后就可以重新烘焙了,如图2-5-23所示。

图2-5-23 调整UV后的二次烘焙贴图

(21)再按照上述第15步的方法,将二次烘焙的贴图导入场景中,如图2-5-24
所示。

图2-5-24 调整UV后渲染的烘焙

(22)我们可以发现效果已经和没有进行烘焙之前的最初状态没有太大差异
了,点击渲染,如图2-5-25所示。

图2-5-25 二次烘焙渲染的效果

(23)此时渲染的效果非常好,材质贴图和灯光的效果都被烘焙出来了,这种效果用于动画也是没有问题的。但我们又会发现摄影机视图里的实时效果跟原图不大一样,顶部的白灯箱没有在实时中显示出来,如图2-5-26所示。

图2-5-26 视图中的实时效果与原效果有差异

(24)可以进入材质编辑器选择贴有烘焙贴图的材质球,把自发光数值改成100,并且将漫反射颜色改成白色,如图2-5-27所示。

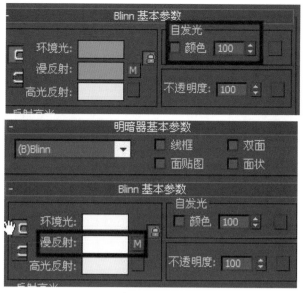

图2-5-27 在材质编辑器中修改两个参数

(25)再观察摄影机视图中的场景实时效果就基本和最初状态一致了。出现这种情况的原因是,在设置烘焙的目标贴图位置时使用了漫反射颜色,所以才无法表现出自发光的效果,如图2-5-28所示。

图2-5-28 实时渲染最终效果

【本章小结】

掌握UVW的展开是学习三维软件必不可少的一项内容,尤其是在当今游戏和虚拟现实领域的应用更为重要,当然现在展UV的插件也是层出不穷,只要学好一种,应用得手就可以了。

第三章

灯光摄影机和渲染

三维软件的渲染一般情况下分为灯光、贴图、渲染、摄影机、Paint effect 等。在项目实施过程中无论是角色的制作还是场景的制作都会涉及灯光、贴图和渲染,所以这三个部分是本书讲述的重点。

灯光是赋予电影、电视、动画灵魂的一个重要组成部分(如图3-1-1所示)。灯光的好坏直接会影响角色的好坏、场景氛围的好坏。好的灯光效果可以进一步塑造角色的体貌与性格,好的灯光效果可以使场景的空间更广阔。那么如何才能在三维软件中为角色和场景布置好的灯光效果?这首先需要掌握三维软件中灯光的设置与属性。

图3-1-1 电影《创:战纪》中的CG世界

第一节 Maya中灯光的设置

一、灯光颜色属性与强度属性设置

(1)灯光的颜色设置:首先选择需要设置颜色的灯光,通过Ctrl+A打开灯光的属性编辑器,如图3-1-2所示。Color是控制灯光颜色的属性,双击Color后边的色块,可以打开颜色选择器。

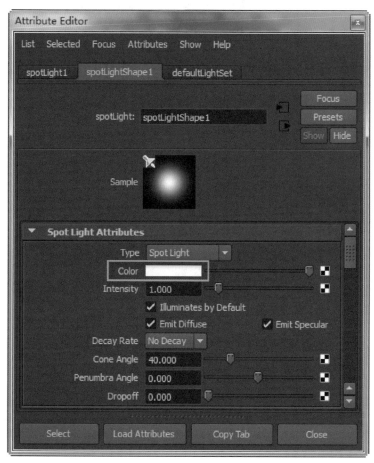

图3-1-2 选择灯光颜色

(2)在颜色选择器中可以设置各种颜色,如图3-1-3所示。其中H表示的是颜色的色相,S表示的是颜色的纯度,V表示的是颜色的亮度。如果不习惯HSV的调色方式可以切换到RGB的颜色模式进行调色。

图3-1-3 色选区

(3)在Color属性后面还有一个贴图按钮,这个按钮主要是用来连接渲染节点的。通过节点的连接可以使灯光呈现出来的效果更丰富,如图3-1-4所示。

图3-1-4 贴图按钮

(4)灯光的颜色可以像控制灯光强度一样控制灯光亮度,如图3-1-5所示。

图3-1-5 颜色控制亮度

(5)Color Intensity属性主要用于控制灯光的照射强度,数值越大,灯光的照射强度也会越大,如图3-1-6所示。

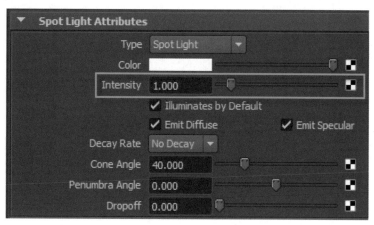

图3-1-6 灯光强度

(6)Illuminates by Default选项可以控制灯光照射效果是否对场景产生影响。这个属性是总的开关,如果取消该选项,则会取消灯光对场景中所有物体的照明效果,如图3-1-7所示。

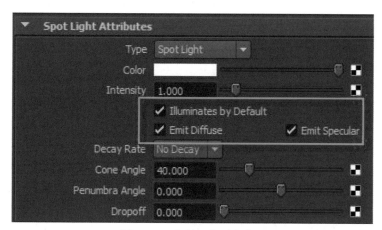

图3-1-7 控制灯光照明选项

二、灯光照明选项设置

在Maya中还可以控制灯光单独照射某个物体。选择Window/Relationship Editors/Light Linking/Light-Centric(灯光-物体连接编辑器,通过在左侧选择灯光,在右侧选择灯光照射的物体连接)或者Object-Centric(物体-灯光连接编辑器,在左侧选择物体,在右侧选择照射该物体的灯光),如图3-1-8所示。

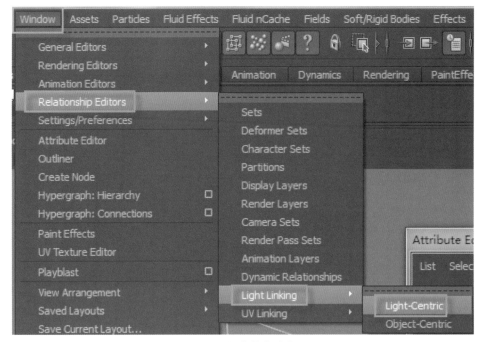

图3-1-8 灯光物体连接器

图3-1-9左侧显示的是场景中的灯光,右侧显示的是灯光所照射的物体。两侧的灯光和物体都处于蓝色显示时,说明灯光和物体是连接的,也就是说灯光对该物体能够照明,如图3-1-9所示。

图3-1-9 场景灯光和照明物体的关联

Emit Diffuse选项主要是控制灯光对物体本身固有色的照明,如图3-1-10所示。左侧显示的是勾选该选项渲染的效果,右侧显示的是取消该选项渲染的效果。

图3-1-10 固有色照明对比

Emit Specular选项主要是控制灯光对该物体高光的照明,如图3-1-11所示。左侧显示的是勾选该选项渲染的效果,右侧显示的是取消该选项渲染的效果。

图3-1-11 高光照明的对比

三、灯光衰减设置

如图3-1-12所示,左上角显示的视图为灯光照射的预览效果,可以看到如果没有设置灯光的衰减,那么灯光照射的范围是无限远的。

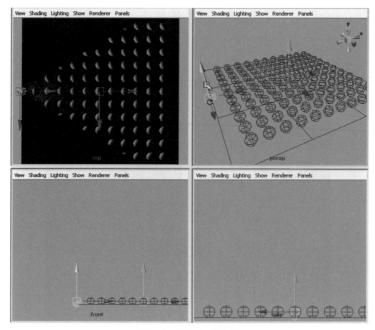

图3-1-12 衰减设置

图3-1-13展示了在摄影棚中使用静物灯对不同距离球体的照射效果。可以发现,球体与光源的距离越远,灯光照射的强度越弱。

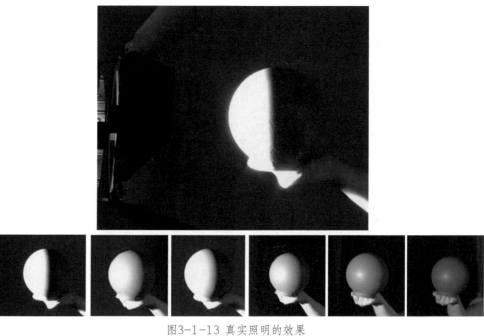

图3-1-13 真实照明的效果

在现实生活中,光都是具有衰减性的,哪怕太阳光也是一样,如图3-1-14所示。

图3-1-14 太阳光的衰减

在Maya软件中直接创建出来的灯光是不具有衰减效果的,所以制作者需要手动打开衰减的开关进行设置,这样才可以模拟现实生活中真实灯光的照射效果。

下面可以看到灯光有衰减和没衰减的效果,如图3-1-15所示,该灯光照射的效果使用了3次方衰减。

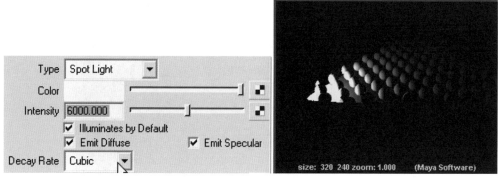

图3-1-15 使用过衰减的效果

图3-1-16为没有使用衰减的效果和参数设置。

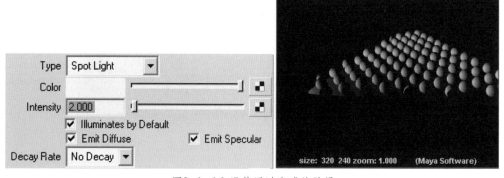

图3-1-16 没使用过衰减的效果

通过两种效果的对比,我们可以发现当把灯光衰减更改为3次方的时候,灯光的照射效果随着距离的增加而强度变低。离灯光越近的物体,被照射的强度越高,而没有衰减的灯光照射出来的效果则不受距离的影响,从近到远没有任何灯光强度的变化。

再一个是当增加灯光的衰减后,灯光的照射强度需要跟着成倍地增加,才能达到灯光对场景的整体照射效果。

四、灯光特殊属性设置

在灯光属性编辑器中,展开Light Effects(灯光特效)卷展栏。其中Intensity Curve可以通过动画曲线来控制灯光阶段性的强度与颜色的变化,这个属性可以用手动的方式来模拟灯光衰减效果。点击图3-1-17中框选的Create按钮,可以创建灯光强度的动画曲线。

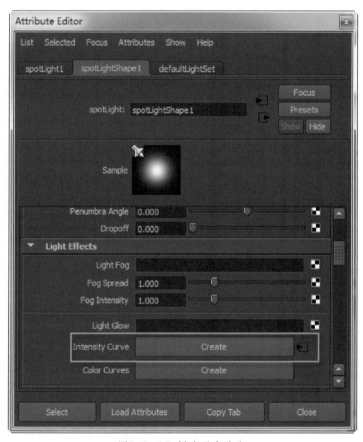

图3-1-17 创建强度曲线

打开Window/Animation Editors/Graph Editor(动画曲线编辑器),在该编辑器中调节灯光的时间与灯光强度的变化,在动画曲线编辑器中将曲线调节成如

图3-1-18所示(中图)的效果,灯光就会在不同的距离位置产生不同的强度。

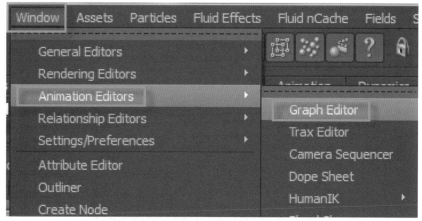

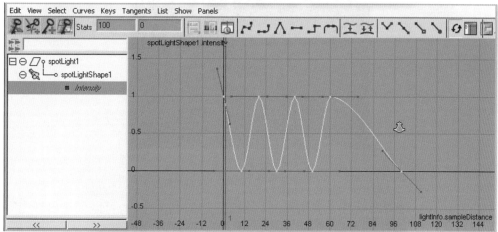

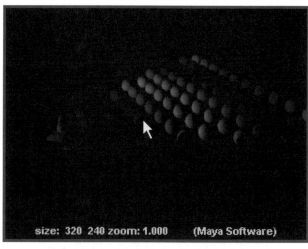

图3-1-18 使用动画曲线编辑器

在Intensity Curve属性的下方是Color Curve(颜色曲线控制),该属性的用法和Intensity Curve的用法是一样的,只不过最终得到的效果会产生颜色的变化,如图3-1-19所示。

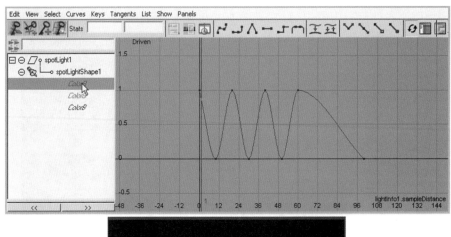

图3-1-19 调节颜色曲线控制

在此灯光照射的基础上点击Light Fog后边的贴图按钮,可以创建出灯光雾效,并且是彩色的,如图3-1-20所示。

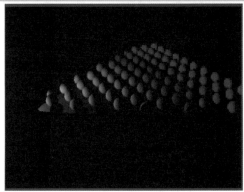

图3-1-20 灯光雾效果

五、聚光灯特殊属性设置

聚光灯照明的特殊属性,如图3-1-21所示。

图3-1-21 特殊属性

(1)灯光的照射范围,如图3-1-22所示。左侧图例是照射范围为40时的效果,右侧图例是80时的效果,可以看到灯光照射范围有所增加。

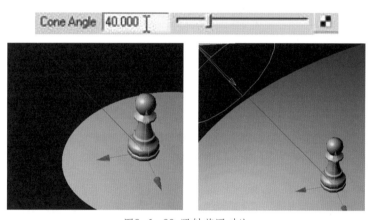

图3-1-22 照射范围对比

(2)灯光的半影角度(控制灯光照射区域的虚实),如图3-1-23所示。左侧图例是半影角度值为0时的效果,右侧图例是半影角度值为-3时的效果。通过调节可以发现当该数值大于0的时候,灯光照射的边界由内向外虚化,当该数值小于0的时候,灯光照射的边界由外向内虚化。

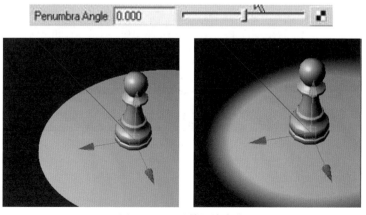

图3-1-23 照射区域虚化

(3)灯光横截面衰减(主要是控制灯光强度在照射区域中由外向内衰减)如图3-1-24所示。左侧图例是衰减为0时的效果,右侧图例是10时的效果。

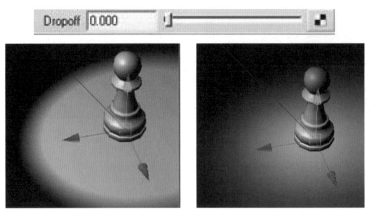

图3-1-24 灯光横截面衰减

六、遮光罩设置

什么是遮光罩呢?如图3-1-25所示,遮光罩主要用来遮挡灯光照射,使灯光在物体表面呈现出不同形状的光斑,它可以让灯光照明富有特殊变化。

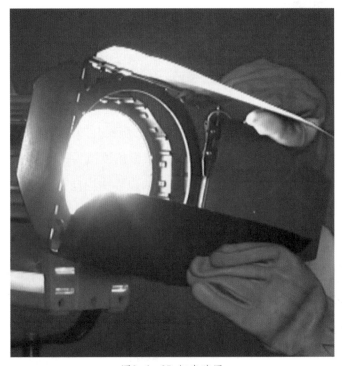

图3-1-25 灯光遮罩

在灯光属性编辑器中找到Barn Doors开关,将其打开,下面的属性是设置上下左右遮光罩的大小,如图3-1-26所示。

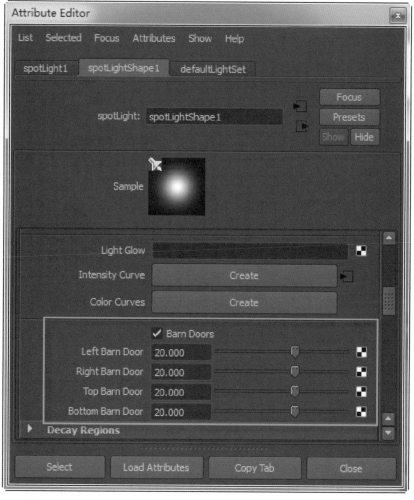

图3-1-26 Barn Doors

图3-1-27反映了设置灯光遮罩和不设置灯光遮罩的区别。

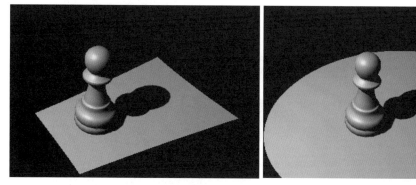

图3-1-27 灯光遮罩对比

七、灯光颜色贴图基本应用

点击Color属性后边的贴图按钮，在弹出的对话框中选择File节点，如图3-1-28所示。

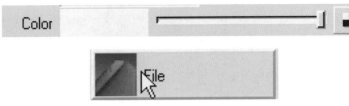

图3-1-28 加入File节点

在弹出的对话框中点击文件夹按钮将制作好的贴图导入到Maya中。连接前与连接后的效果,如图3-1-29所示。用这种方法可以模拟灯光透过树照射该场景的效果,另外,这种做法可以节省很多系统资源。

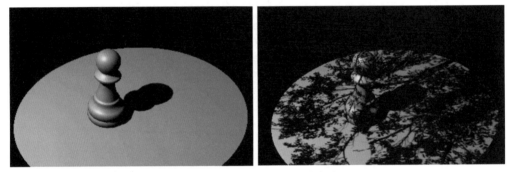

图3-1-29 阴影导入贴图的效果

这种方法在真实拍摄中也会大量使用,如图3-1-30所示。

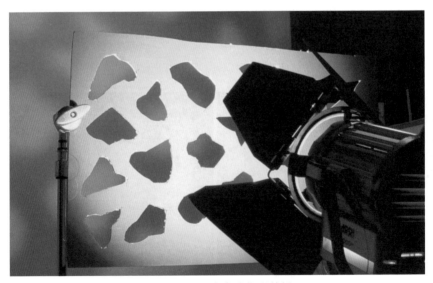

图3-1-30 现实中的投影拍摄

【手电筒的灯光模拟】

创建一个手电筒,同时创建一盏聚光灯,摆放成如图3-1-31所示的样子。

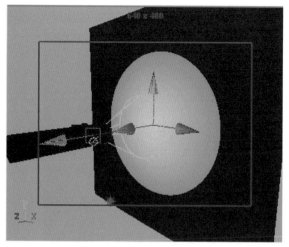

图3-1-31 创建一个聚光灯

点击渲染得到如图3-1-32所示的效果。

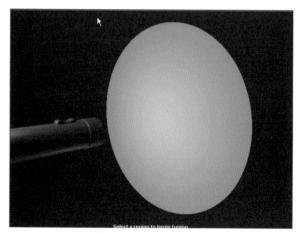

图3-1-32 点击渲染

为了得到如图3-1-33所示的照明效果，需要为该聚光灯的Color属性添加一张贴图，添加方法和上述方法一样。

图3-1-33 添加贴图

通过File节点的连接,最终得到如图3-1-34所示的渲染效果。

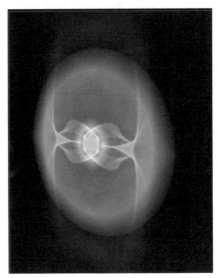

图3-1-34 手电筒的效果

第二节　3ds Max中灯光摄影机的设置

一、灯　光

当场景中没有灯光时,系统使用默认的照明着色或场景渲染。可以添加灯光使场景的外观更逼真,照明增强了场景的清晰度和三维效果。

如果创建了一个灯光,那么默认的照明就会被禁用。如果场景中删除了所有的灯光,则重新启用默认照明。默认照明由两个不可见的灯光组成:一个位于场景上方偏左的位置,另一个位于下方偏右的位置。

3ds Max提供两种类型的灯光:光度学和标准,如图3-2-1所示。

3-2-1 选择灯光种类

标准中的灯光种类是在制作中经常会使用的,下边我们简单介绍一下,如图3-2-2所示。

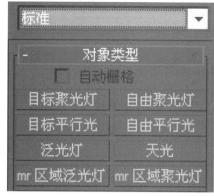
3-2-2 标准类型的灯光

(一)目标聚光灯

聚光灯是对剧院中或椸灯下的聚光区的模拟,目标聚光灯使用目标对象指向照明物体,如图3-2-3所示。

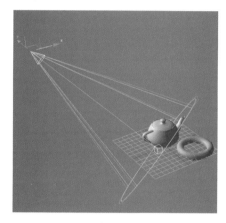
3-2-3 目标聚光灯的效果

(二)自由聚光灯

照射效果与目标聚光灯一样。与目标聚光灯不同的是,自由聚光灯没有目标对象,操作者可以移动或旋转自由聚光灯以使其指向任何方向,如图3-2-4所示。

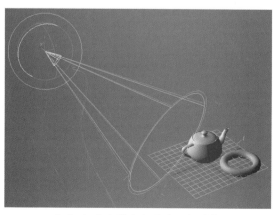
3-2-4 自由聚光灯没有目标对象

(三)目标平行光

平行光主要用于模拟太阳光,可以调整灯光的颜色和位置并在3D空间中旋转灯光。目标平行光使用目标对象指向照射物体,如图3-2-5所示。

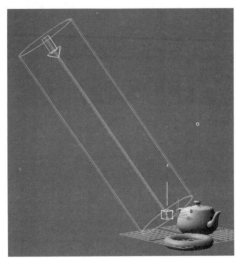

3-2-5 目标平行光

(四)自由平行光

照射效果与目标平行光一样。与目标平行光不同的是,自由平行光没有目标对象,可以移动或旋转灯光对物体进行照明,如图3-2-6所示。

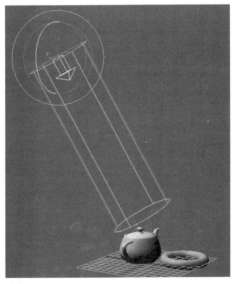

3-2-6 自由平行光

(五)泛光灯

泛光灯从单个光源向各个方向放射光线。泛光灯用于模拟点光源,可以形成阴影和投影。单个投影阴影的泛光灯等同于六个投影阴影的聚光灯,光线从中心散开,如图3-2-7所示。

3-2-7 泛光灯

(六)天光

天光用于模拟日光,创建后不管放在什么位置整个视口都会被照亮,通常与光线跟踪结合使用,如图3-2-8所示。

3-2-8 天光

以上灯光除了天光以外,拥有一个相同的参数编辑界面,如图3-2-9所示。

3-2-9 标准类型灯光的常规参数

使用强度/颜色/衰减参数卷展栏可以设置灯光的颜色和强度,也可以定义灯光的衰减,如图3-2-10所示。如果使用三盏灯光照明或多盏灯光照明,灯光倍增的累加值不应超过1.2,否则会出现曝光现象。

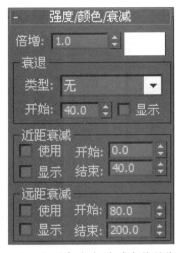

3-2-10 强度/颜色/衰减参数调节

二、摄影机

摄影机主要分为两种,一是目标摄影机,二是自由摄影机,二者的参数是一致的,只是创建方式不同。下边我们来认识一下,如图3-2-11、3-2-12所示。

3-3-11 创建摄影机

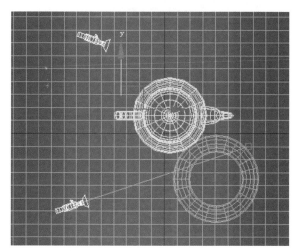

3-2-12 目标摄影机和自由摄影机创建后的区别

(一)自由摄影机

当摄影机沿着轨迹设置动画时可以使用自由摄影机,与穿行在建筑物中或将摄影机连接到行驶中的汽车上时一样。自由摄影机可以不受限制地移动和旋转,如图3-2-13所示。

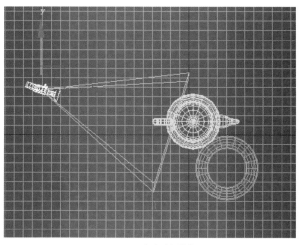

3-2-13 自由摄影机

(二)目标摄影机

当创建摄影机时,目标摄影机比自由摄影机更容易定向,可使用快捷键Ctrl+C。沿着路径设置目标摄影机的动画,最好将它们连接到虚拟对象上,然后再设置虚拟对象的动画,如图3-2-14所示。

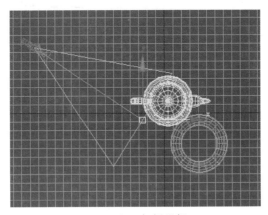

3-2-14 目标摄影机

两种摄影机拥有相同的工具和参数,必须将视口切换成摄影机视图时,摄影机工具才可以出现和使用。摄影机工具在3ds Max软件的右下角区域,如图3-2-15、3-2-16所示。

3-2-15 摄影机视图才会出现的摄影机工具 3-2-16 摄影机参数

焦距会影响对象出现在图片中时的清晰度,焦距越小,图片中包含的场景就越大,反之,焦距越大将包含越少的场景,但能显示远距离对象的更多细节。焦距始终以毫米为单位进行度量,50mm镜头通常是摄影机的标准镜头,焦距小于50mm的镜头被称为短镜头或广角镜头(鱼眼镜头),焦距大于50mm的镜头被称为长镜头或长焦镜头(足球场上常见的"大炮摄影机镜头")。

第三节　3ds Max中渲染的设置

3ds Max中渲染的打开方法有三种。

其一,打开渲染下拉菜单,单击渲染设置,如图3-3-1所示。

3-3-1 渲染设置打开方法一

其二,点击主工具栏最后面倒数第三个按钮,如图3-3-2所示。

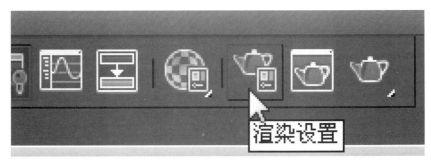

3-3-2 渲染设置打开方法二

其三,使用键盘上的快捷键,按下F10,渲染设置面板如图3-3-3所示。

3-3-3 渲染设置面板

一、时 间 输 出

在公用面板中首先可以进行设置的是时间输出,共分为四种输出方式,默认情况下选择的是第一个"单帧",时间滑块滑到第几帧就会渲染第几帧,如果不调动时间滑块,一般都选择在第0帧上,如图3-3-4所示。

3-3-4 默认情况下的单帧时间输出

当然,如果渲染动画的序列帧,会用到第二个和第三个选项进行活动范围的调节输出,而第四个选项可以进行多个不连续帧输出的设置。

二、要渲染区域

要渲染区域主要分为五个选项,默认情况下为视图。如果场景过大而只需渲染一部分区域,我们可以选择裁剪或放大进行区域设置,如图3-3-5、3-3-6所示。

3-3-5 要渲染的区域设置

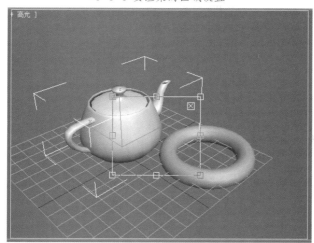

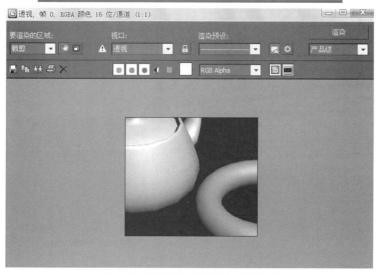

3-3-6 使用裁剪的视图和渲染效果

注意,使用区域、裁剪和放大时会出现一个黄色的框,这个就是安全框——保证输出大小的渲染区域。安全框的大小跟后面的输出大小成正比,如果想直接打开安全框,可使用鼠标左键点击任意视口的左上角,如图3-3-7所示。

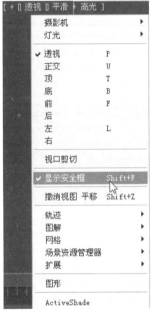

3-3-7 打开安全框

当然我们还可以去设置安全框,方法是在3ds Max软件最右下角的任意位置点击鼠标右键,就会出现一个视口设置面板,找到安全框选项,并且将动作安全区和标题安全区都勾选(动作安全区反映动画表演信息,标题安全框区反映文字信息),这样一个完整的安全框就设置好了,如图3-3-8所示。

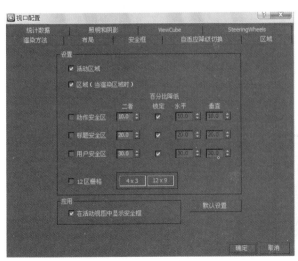

3-3-8 打开安全框的视口

三、输出大小

输出大小决定了一部作品最终播放时的画质效果,默认选择为NTSC制式的640×480大小,由于我国的电视播放制式与NTSC制式不同,所以一定要将播放制式改成PAL制。当然电影效果也不一样,所以3ds Max提供了当今流行的多种制式供大家选择,如图3-3-9所示。

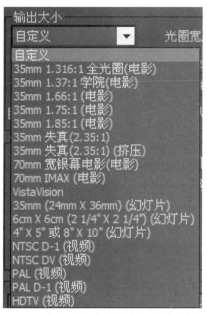

3-3-9 输出大小中制式和大小的选择

在我国由于电视制式的制约,我们只能选择PAL D-1这个选项里的720×576,这是我国大多数电视节目还在沿用的制作标准(标清电视节目信号),如图3-3-10所示。

3-3-10 我国标清电视节目信号大小

由于电视产业与电影产业的快速发展,现在涌现出了很多高清电视节目信号标准,尤其是中央电视台已经在全国率先完成了全部高清电视节目的改版。我们可以选择HDTV选项,使用1920×1080和1280×720两种标准,这也是下载电影时经常可以看到的1080P和720P的格式大小,如图3-3-11所示。

3-3-11 高清电视节目信号标准

四、选项

公用面板中的选项部分提供了多种效果,如图3-3-12所示。无特殊要求时使用默认的选择。

3-3-12 选项

(1)大气:勾选此选项后,可以实现大气效果,如体积雾等。

(2)效果:勾选此选项后,可以实现多种效果,如模糊等。

(3)置换:渲染任何应用的置换贴图。

(4)视频颜色检查:检查超出NTSC或PAL安全阈值的像素颜色,标记这些像素颜色并将其改为可接受的值(默认情况下,不安全的颜色渲染为黑色像素,可以使用首选项设置对话框的渲染面板更改颜色检查的显示)。

(5)渲染为场:为视频创建动画时,将视频渲染为场,而不是渲染为帧。

(6)渲染隐藏的几何体:渲染场景中所有的几何体对象,包括隐藏的对象。

(7)区域光源/阴影视作点光源:将所有的区域光源或阴影当做从点对象发出的进行渲染,这样可以加快渲染速度。

(8)强制双面:双面材质渲染可渲染所有曲面的两个面。通常,需要加快渲染速度时禁用此选项。如果需要渲染对象的内部及外部,或已导入面法线未正确统一的复杂几何体,则可能要启用此选项。

(9)超级黑:超级黑用于限制渲染几何体的暗度,除非确实需要此选项,否则应将其禁用。

五、高级照明

启用此选项后,3ds Max在渲染过程中提供光能传递或光跟踪,一般使用默认选择,如图3-3-13所示。

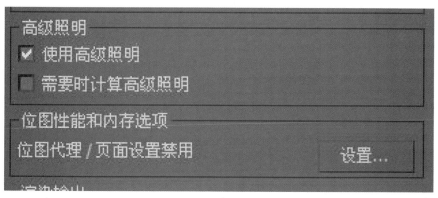

3-3-13 高级照明

六、渲染输出

使用渲染输出主要修改渲染文件的保存位置和进行网络联机渲染,如图3-3-14、3-3-15所示。

3-3-14 渲染输出的设置

3-3-15 选择网络渲染后出现的联机作业参数面板

七、指定渲染器

指定渲染器可用来修改我们想使用的渲染器,默认情况下为默认渲染器,点击产品级后面的 ··· 可以选择已有或通过插件安装的渲染器,如图3-3-16所示。

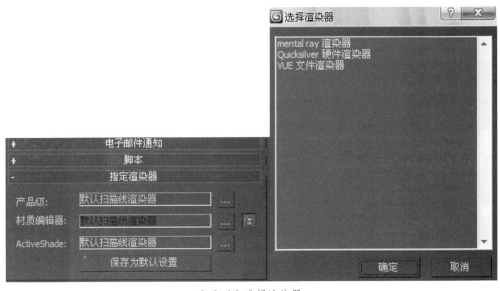

3-3-16 选择渲染器

第四节　项目实训

一、基础灯光的制作

（1）首先通过Maya的模型制作模块将简单的场景模型制作出来，通过旋转命令使用NURBS创建一个国际象棋的模型，如图3-4-1所示。

（2）再创建一个聚光灯，选择Create/Lights/Spot Light。聚光是这几种灯光中最常用且参数最多的一种灯光类型。在创建追光灯、舞台灯光、主光源、产品展示灯光等时，都会使用聚光灯，如图3-4-2所示。

图3-4-1　创建一个简单的模型

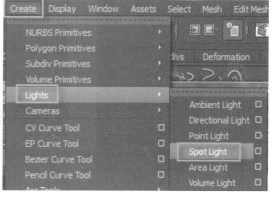
图3-4-2　创建聚光灯

（3）创建出来后可以通过键盘上的7键来查看灯光照射的大体效果，如图3-4-3所示。

图3-4-3　查看大体效果

(4)按下键盘上的T键,可以打开灯光的操纵器。通过操纵器可以很好地将灯光的照射位置、范围等调整好,如图3-4-4所示。左边的控制轴用于控制灯光的位置,右边的控制轴用于控制灯光的照射目标点,主要是控制灯光的照射方向。

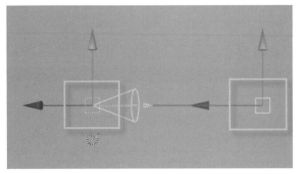

图3-4-4 打开灯光操纵器

(5)在预览过程中模型的精度会影响预览的效果。如果模型的片段数高,则呈现的预览精度也会变得更高。调整模型的片段数,可以查看预览效果,如图3-4-5所示。

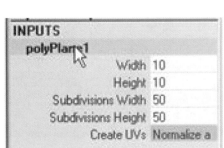

图3-4-5 调整模型精度

(6)如果想得到更好的预览效果,可以通过调整视图显示品质来实现。在当前视图显示菜单中找到Renderer菜单,在这个菜单中勾选High Quality Rendering,如图3-4-6所示,可以看到现在显示的效果要高于默认显示的效果,接近于最终渲染效果。

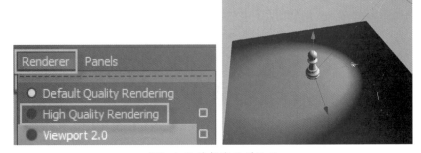

图3-4-6 选择高品质显示

(7)如果想在视图中同时显示出物体的阴影,需要勾选当前照明灯光的阴影选项。首先选择创建的聚光灯,通过Ctrl+A打开该灯光的属性编辑器。在属性编辑器中找到Shadows(阴影)卷展栏,在Depth Map Shadow Attributs(深度贴图阴影属性)中勾选Use Depth Map Shadows(深度贴图阴影)。这样,灯光照射的时候就可以产生阴影,如图3-4-7所示。

图3-4-7 使用深度阴影贴图

(8)此时虽然勾选了灯光的阴影,但在预览中还是无法显示阴影。接下来勾选当前视图显示菜单中Lighting菜单中的Shadows,这样在预览视图中就可以显示出物体的阴影了,如图3-4-8所示。

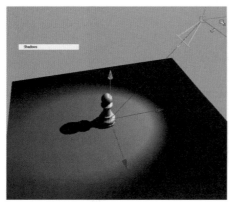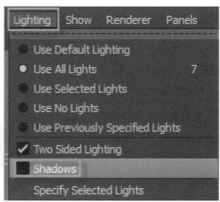

图3-4-8 打开阴影

(9)可以尝试再复制一盏聚光灯,看看灯光强度和阴影强度是否有叠加效果,如图3-4-9所示。

图3-4-9 两盏灯的效果

二、室内场景的灯光布局

(1)通过Maya的建模模块创建一个室内模型,如图3-4-10所示。

为了达到真实的室内光照效果,我们使用一盏平行光作为主光源,模拟太阳光的照射,另外使用十盏聚光灯作为辅助光源,模拟室内光能传递效果。

(2)创建一盏平行光,选择Create/Lights/Directional Light(平行光),如图

图3-4-10 创建一个室内模型

3-4-11所示。平行光多用于模拟太阳光,一般用作室外或白天室内的主光源,其位置与大小不会影响灯光的照明效果,而旋转角度会影响灯光的照明强度。

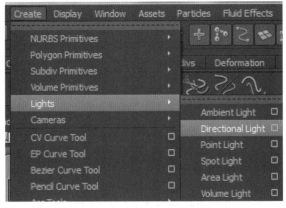

图3-4-11 创建一盏平行光

用上述同样的方法勾选平行光的阴影,渲染后如图3-4-12所示。

图3-4-12 打开阴影

(3)选择平行光,打开平行光的属性编辑器,设置相应的属性,如图3-4-13所示。

①在directionalLight中将灯光重命名为Key_Sun。

②将灯光的颜色(Color)设置为暖色(因为太阳光是暖色的)。

③设置灯光强度(Intensity)为2.500。

④勾选灯光的深度贴图阴影(Use Depth Map Shadows),使灯光产生阴影。

⑤将阴影的分辨率(Resolution)设置为1024。当这一数值增加后,灯光的阴影会变得越来越清晰,如果减少该数值则阴影的精度会降低,同时会产生马赛克。

⑥将融合尺寸(Filter Size)设置为3。增加该数值可以使灯光的阴影变得更加柔和。

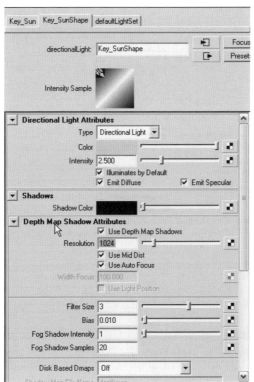

图3-4-13 设置平行光属性

(4)创建一盏聚光灯,将其摆放到如图3-4-14所示的位置。该灯光主要是用来处理主光照射到屋内后产生的光斑对周围环境的影响。

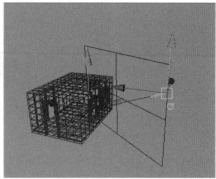

图3-4-14 创建一盏聚光灯

该灯光的具体参数设置,如图3-4-15所示。

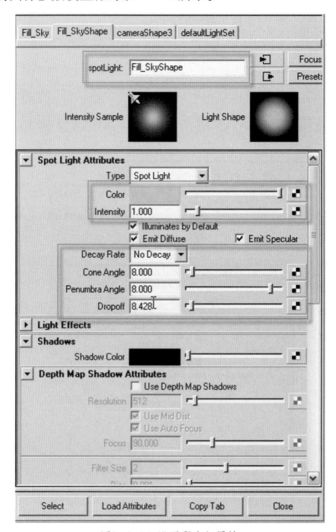

图3-4-15 设置聚光灯属性

最终渲染效果,如图3-4-16所示。

图3-4-16 最终效果

(5)再创建一盏聚光灯,设置的参数和上一盏聚光灯一样。具体摆放位置如图3-4-17所示。

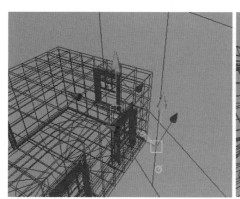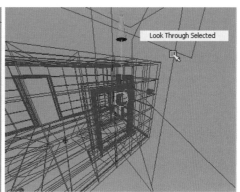

图3-4-17 第二盏聚光灯

最终渲染效果,如图3-4-18所示。

图3-4-18 三盏灯的效果

(6)创建第三盏聚光灯,将其摆放到如图3-4-19所示的位置。该灯光主要是用来模拟地面对墙面的光能反射。

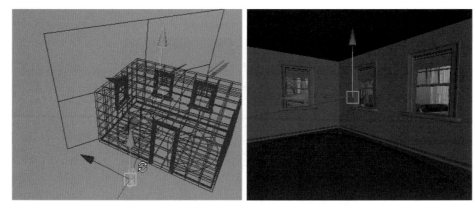

图3-4-19 第三盏聚光灯

具体参数设置,如图3-4-20所示。

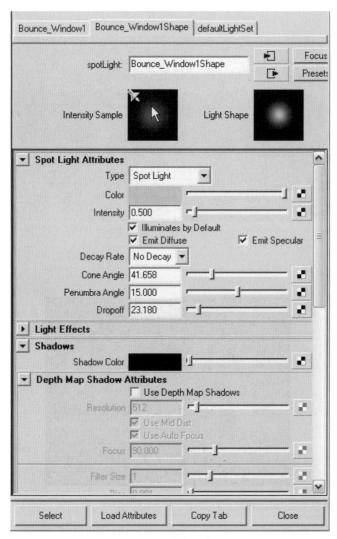

图3-4-20 聚光灯参数

最终渲染效果,如图3-4-21所示。

图3-4-21 渲染效果

(7)创建第四盏聚光灯,将其摆放到如图3-4-22所示的位置。该灯光也是用来模拟地面对墙面的光能反射,其参数的设置同上。

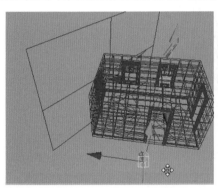 

图3-4-22 第四盏聚光灯

最终渲染效果,如图3-4-23所示。

图3-4-23 渲染效果

(8)创建第五盏聚光灯,将其摆放到如图3-4-24所示的位置。该灯光同样用来模拟地面对墙面的光能反射,其参数的设置同上,但需要稍微降低该灯光的照明强度。

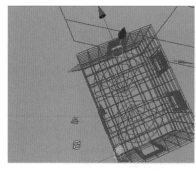

图3-4-24 第五盏聚光灯

最终渲染效果,如图3-4-25所示。

图3-4-25 渲染效果

(9)创建第六盏聚光灯,将其摆放到如图3-4-26所示的位置。该灯光主要为了使前面创建的几盏灯产生的光斑融合起来,看起来更加柔和。

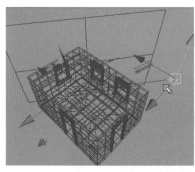

图3-4-26 第六盏聚光灯

最终渲染效果,如图3-4-27所示。

图3-4-27 渲染效果

（10）创建第七盏聚光灯，将其摆放到如图3-4-28所示的位置。该灯光主要是用来模拟地面和墙面对天花板的光能传递。

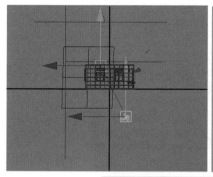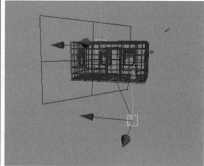

图3-4-28 第七盏聚光灯

具体的参数设置，如图3-4-29所示。

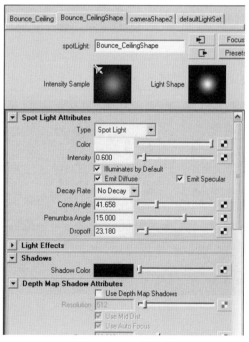

图3-4-29 参数设置

最终渲染效果,如图3-4-30所示。

图3-4-30 渲染效果

(11)创建第八盏聚光灯,将其摆放到如图3-4-31所示的位置。该灯光主要是用来降低两面墙体和地面角落灯光照射的颜色饱和度。具体的参数设置和上一盏一样。

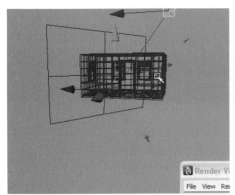

图3-4-31 第八盏聚光灯

最终渲染效果,如图3-4-32所示。

图3-4-32 渲染效果

(12)创建第九盏聚光灯,将其摆放到如图3-4-33所示的位置。该灯光主要是用来使场景的整体效果变亮。具体的参数设置和上一盏一样。

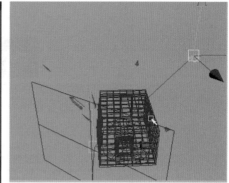

图3-4-33 第九盏聚光灯

最终渲染效果，如图3-4-34所示。

图3-4-34 渲染效果

(13)创建第十盏聚光灯，将其摆放到如图3-4-35所示的位置。该灯光主要是用来继续照亮屋顶，同时表现出地面对屋顶的光能反射。

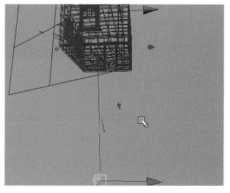

图3-4-35 第十盏聚光灯

具体的参数设置，如图3-4-36所示。

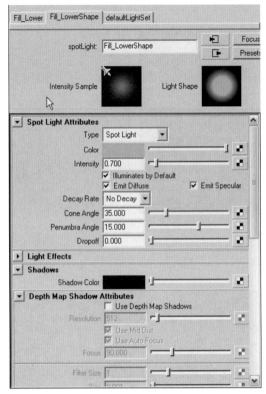

图3-4-36 参数设置

最终的渲染效果,如图3-4-37所示。

图3-4-37 最终渲染效果

【本章小结】

1.本章主要讲解了Maya和3ds Max的灯光渲染,由浅入深,理论引导实践。

2.大家应了解三维软件中的灯光与现实生活中的灯光的区别与联系,通过熟悉灯光的相关属性,掌握灯光在实际制作中的技巧。

3.通过上述两个例子的讲解,大家应该熟练地掌握室内的打灯方法与三点式光源的应用技巧。

第四章

ZBrush

在模型制作部分我们简单介绍了ZBrush软件，主要用于高精度模型的制作，尤其是在游戏中制作法线贴图和置换贴图更为突出。下面我们对ZBrush 4.0版本进行讲解。

第一节　ZBrush的基础知识

首先来看ZBrush的工具栏，如图4-1-1所示。

图4-1-1 ZBrush的工具栏

在讲述工具栏之前先来说说如何使用三维模型工具创建一个球体,操作方法如下:

(1)点击如图所示的三维模型创建工具,如图4-1-2所示。

图4-1-2 在ZBrush的工具栏上点击3D球体

(2)这个时候会弹出一个浮动面板,如图4-1-3所示。该浮动面板大致分为三大部分,A部分是曾经使用过的工具;B部分指的是创建的三维模型;C部分指的是创建的2.5维模型(需要通过映射方式进行雕刻)。下面选择Sphere(球体)并创建。

图4-1-3 浮动面板A、B、C

(3)选好工具后在中间的创建与操作区域中用鼠标左键拖拽,创建一个三维的球体。此时创建的是一个二维体,不能对其进行雕刻与编辑,如图4-1-4所示。

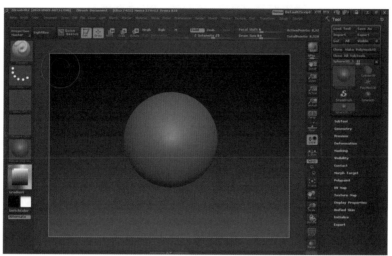

图4-1-4 创建的二维球体

(4)通过按下键盘上的T键,使其进入模型可编辑状态(此时编辑状态按钮已经打开),如图4-1-5所示。

图4-1-5 模型可编辑模式按钮

一、基本视图操作

(1)使用鼠标左键在操作区域的空白处(不要在编辑的模型上)拖拽,这样可以旋转摄影机,如图4-1-6所示。

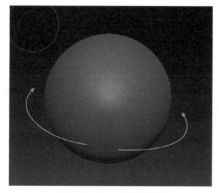

图4-1-6 旋转摄影机

(2)按住键盘上的Alt键加上鼠标左键可以平移摄影机,如图4-1-7所示。

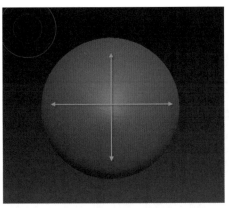

图4-1-7 平移摄影机

(3)在平移摄影机的基础上,按住鼠标左键不松手,松开键盘上的Alt键,可以放大或缩小视图,如图4-1-8所示。

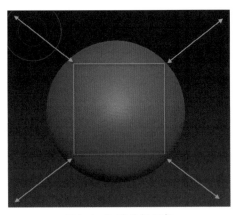

图4-1-8 缩放摄影机

二、ZBrush中模型的导入与导出

(1)如图4-1-9所示,ZBrush中模型的导入与导出就在Tool工具栏中。

图4-1-9 导入与导出

模型可以导出的格式,如图4-1-10所示。

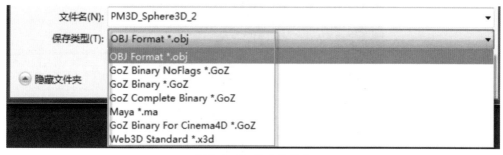

图4-1-10 导出的格式

①OBJ是大部分软件模型互导的一种通用格式,基本上所有软件都支持。

②GoZ是ZBrush一种新的与其他软件互导的格式。

③ma是Maya的一种通用格式

一般情况下,ZBrush中的模型导出都使用OBJ格式。

(2)先在Maya中创建一个多边形的圆柱体,选择这个物体,再选择File/
Export Selection(导出所选择的物体),如图4-1-11所示。

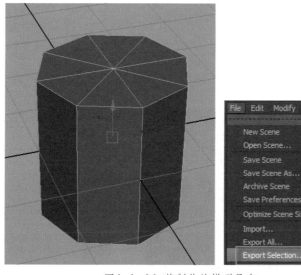

图4-1-11 将制作的模型导出

(3)在对话框中选择OBJ格式导出。如果没有OBJ格式的选项,可以从
Window/Setting/Preferences/Plug-in Manager中找到objExport.mll选项,
将其后边的两个选框勾选,这样就可以在导出格式中找到OBJ格式,如图4-1-12
所示。

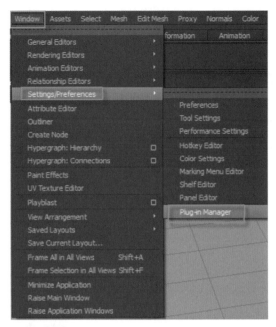

图4-1-12 Maya中OBJ格式导出方法

(4)选择Import将刚才导出的OBJ格式的模型导入到ZBrush中。点击操作视图中标示的右侧按钮可以让模型显示出网格,如图4-1-13所示。

图4-1-13 显示网格的操作

(5)我们可以发现,在ZBrush中显示的模型和Maya中的模型效果是一样的,如图4-1-14所示。

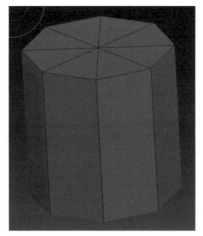

图4-1-14 ZBrush中显示的模型效果

(6)通过Ctrl+D可以使模型进一步光滑,如图4-1-15所示。

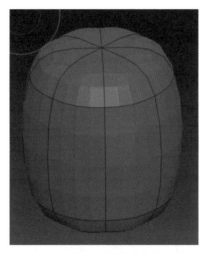

图4-1-15 ZBrush中模型光滑的效果

(7)在Maya中将导出的模型的布线更改一下,将圆柱体顶面对应的四条边删除,如图4-1-16所示。

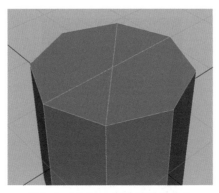

图4-1-16 Maya中对模型的修改

(8)将修改好的模型导入到ZBrush中(如果在ZBrush中想将正在编辑的模型删除,需要先按下键盘上的T键,取消当前模型的编辑状态,再按下Ctrl+N就可以删除画布中的模型)。在导入进来之后ZBrush会出现一个对话框,Quads and Triangles (compatible with Z2),如图4-1-17所示。

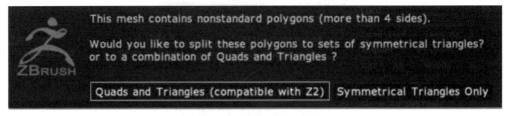

图4-1-17 显示的对话框

①Quads and Triangles (compatible with Z2):如果导入进来模型的面为三角面和多边面,ZBrush会自动将其面处理成三角面和四边面,如图4-1-18所示。

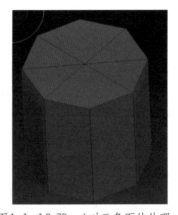

图4-1-18 ZBrush对三角面的处理一

②Symmetrical Triangles Only:如果导入进来模型的面为三角面和多边面,ZBrush会自动将其面都处理成三角面,如图4-1-19所示。

图4-1-19 Zbrush对三角面的处理二

(9)在Maya中继续创建一个多边形的圆柱体,并将其横向片段数更改为8,如图4-1-20所示。

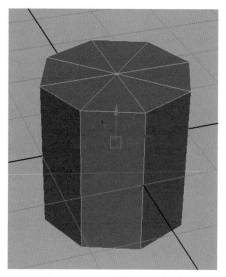

图4-1-20 段数为8的圆柱体

(10)在Maya中可以通过键盘上的3键,使物体在场景显示中呈现出光滑后的效果,如图4-1-21所示。

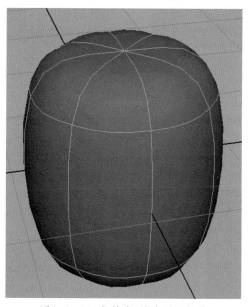

图4-1-21 段数为8的光滑圆柱体

(11)选择最上边的一圈边,然后执行Edit Mesh/Crease Tool(收缩工具),将选中的边进行光滑收缩处理,如图4-1-22所示。

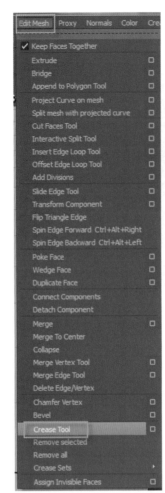
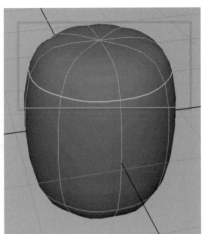
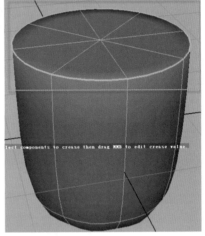

图4-1-22 光滑的圆柱体进行光滑收缩处理

(12)删除模型操作的历史记录,将模型导入到ZBrush中进行光滑处理。ZBrush中显示的模型和Maya中显示的不一样,因为OBJ格式不能将该模型的编辑信息进行软件间的互导,这样就必须将从Maya导出的文件的格式更改为Maya ASCⅡ,如图4-1-23所示。

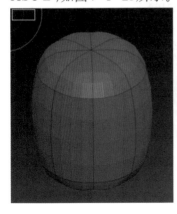
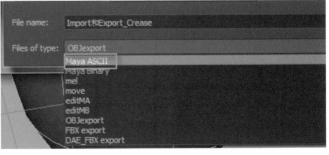

图4-1-23 导出ASCⅡ格式

(13)我们可以发现导入到ZBrush的模型,其布线的方式发生了变化,在收缩边的位置上增加了一圈边,这样就使光滑之后的模型和Maya中的模型显示保持一致了。所以Maya ASC II格式在模型进行软件互导的时候可以记录模型的建模信息,如图4-1-24所示。

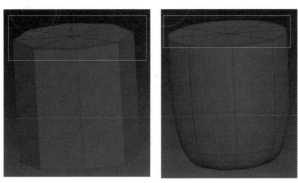

图4-1-24 ASC II格式记录模型信息

(14)在ZBrush中使用LightBox快速创建ZBrush自带的一些模型。首先创建一只狗,如图4-1-25所示。

图4-1-25 自带模型创建一只狗

(15)使用导出命令将模型导出,导出的格式为OBJ格式。再到Maya中打开该模型,如图4-1-26所示。

(16)在Maya中分别为狗的头部、身体和四肢制作三种不同的材质球,并更改其颜色,如图4-1-27所示。

图4-1-26 将模型导入Maya 图4-1-27 对模型进行材质修改

(17)将模型分别以OBJ格式和Maya ASCⅡ格式导出。

(18)在ZBrush中先选择Preferences/Import Mat As Groups(以遮罩颜色的区别设置模型组)将狗的OBJ格式模型导入,如图4-1-28所示。

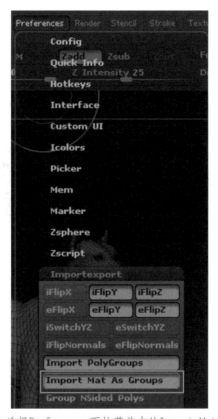

图4-1-28 选择Preferences下拉菜单中的Import Mat As Groups

可以看到,凡是在Maya中一开始用颜色区分过的部位,到了ZBrush中也是用不同的颜色进行了区分,如图4-1-29所示。

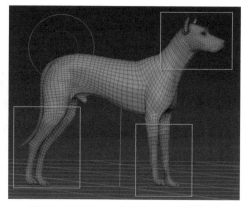

图4-1-29 ZBrush中有颜色区别的模型

(19)在ZBrush中按住键盘上的Ctrl+Shift再同时用鼠标左键框选要保留的模型部分,可以发现选择的部分被保留了。使用键盘上的Ctrl+Shift再同时用鼠标左键在空白处划一下,可以发现其余部分的模型显示了出来,而先前的模型则自动隐藏。如果想取消以组的形式显示单个模型的话,可以使用键盘上的Ctrl+Shift再同时用鼠标左键在空白处点一下,整体模型就显示了出来,如图4-1-30所示。

图4-1-30 Ctrl+Shift配合鼠标左键的效果

(20)而Maya ASCⅡ格式的模型导入到ZBrush中后,就没有上述组的设置了。所以导出的格式如何进行设置还是需要根据操作者的要求来安排,这里没有一个固定的导出格式,但大部分导出的模型都使用通用的OBJ格式。

三、法线贴图和置换贴图的导出(Exporting Normal and Displacement maps)

(1)图4-1-31是使用ZBrush雕刻的一个角色,角色的每个细节都雕刻得非常细致。如果将该角色直接导入到Maya中会占用太多的系统资源,想在Maya中用低精度模型显示高精度模型的效果需要使用法线贴图或者是置换贴图。我们下面主要讲解法线贴图和置换贴图的导出。

图4-1-31 制作好的高精度模型

(2)上图是在模型光滑很多级别之后显示的效果,如果想将其法线贴图导出需要先进入该模型的最低级别(导出的模型级别)。首先在Tool工具栏中找到Geometry这一栏,在这一栏中SDiv是用来调节模型光滑级别的(该属性可以由高级别数向低级别数调节,如果想向高级别数调节需要点击下面的按钮Divide),如图4-1-32所示。

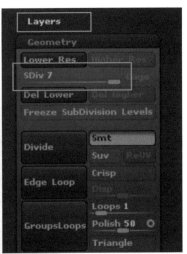

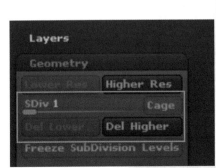

图4-1-32 模型调整光滑级别的效果

(3)展开UV Map这一栏,调节UV Map的选项(一般情况下,绘制的颜色贴图、法线贴图或者是凹凸贴图都会填充到UV Map中)。先将UV Map Size设置为2048(设置贴图的像素大小),再点击一下PUVTiles(填充到UV文件中),如图4-1-33所示。

图4-1-33 设置贴图大小

(4)在Tool中展开Normal Map一栏,点击下面的Create NormalMap按钮,创建法线贴图。法线贴图创建出来之后会在缩略图中显示法线贴图的大体效果,如图4-1-34所示。

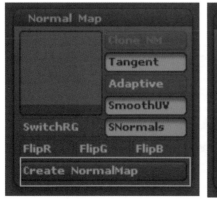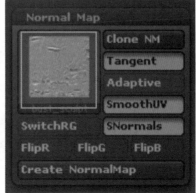

图4-1-34 创建法线贴图

(5)点击Clone NM按钮将生成出来的法线贴图复制到Texture(纹理)中,打开Texture菜单点击一下Flip V按钮,将生成出来的法线纹理垂直方向反转一下(因为ZBrush导出纹理到Maya中会垂直方向相反),如图4-1-35所示。

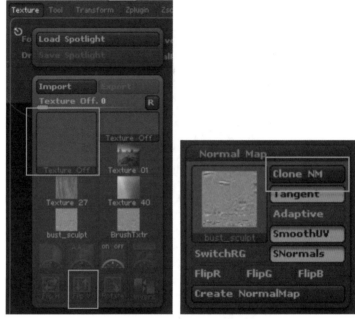

图4-1-35 法线贴图复制

(6)点击Texture中的Export将法线贴图导出,导出的格式设置为BMP,如图4-1-36所示。

图4-1-36 导出法线贴图BMP格式

(7)展开上面的Displacement Map卷展栏,点击Create DispMap按钮创建置换贴图。创建出来之后可以看到置换贴图会自动贴到模型上,如图4-1-37所示。

图4-1-37 创建置换贴图

(8)点击Clone Disp按钮(将置换贴图复制到Alpha贴图中),如图4-1-38所示。

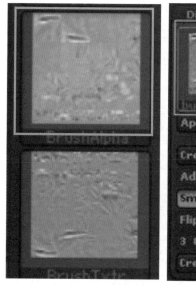

图4-1-38 置换贴图复制

(9)在Alpha菜单中点击Flip V按钮,将置换贴图垂直方向翻转。然后和导出法线贴图一样,将置换贴图导出,导出的文件格式为BMP,如图4-1-39所示。

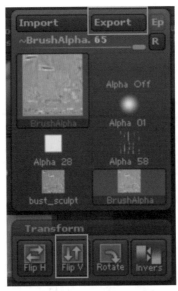

图4-1-39 导出置换贴图BMP格式

(10)在Tool中选择Export按钮将该模型导出,导出的格式为OBJ格式。在导出模型之前首先需要将Tool工具栏中的Export卷展栏中的Grp按钮取消打开状态,否则有的时候导出的模型其面会呈现分散状态,如图4-1-40所示。

图4-1-40 导出模型

(11)在Maya中将刚刚导出的模型导入进来,如图4-1-41所示。

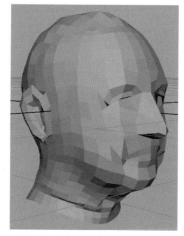

图4-1-41 Maya中模型的效果

(12)导入进来的模型其边都是硬边，所以会发现模型的表面是比较硬的。在Maya中选择Normals\Soften Edge(使模型的边成为软边显示)，如图4-1-42所示。

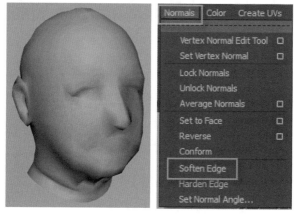

图4-1-42 Maya中柔滑边

(13)下面将从ZBrush中导出的法线贴图导入到Maya中。首先打开超级滤光器，选择Window/Rendering Editors/Hypershade，如图4-1-43所示。

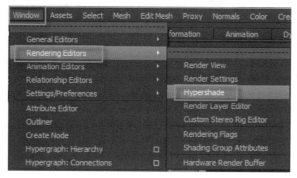

图4-1-43 打开超级滤光器

(14)在超级滤光器中可以看到,在导入模型的时候其材质也跟着一起导入进来(如图4-1-44所示白色的圆球就是该人物的材质球)。点击材质球上面标示的按钮,将选中的材质球的上下游节点展开,如图4-1-44所示。

图4-1-44 超级滤光器中的白色材质球

材质球的节点网络图,如图4-1-45所示。

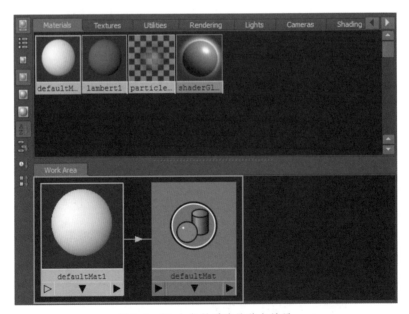

图4-1-45 白色材质球的节点效果

(15)选择该材质球,通过键盘上的Ctrl+A打开该材质球的属性编辑器,在其中找到Bump Mapping(凹凸属性,法线贴图都是连接到凹凸属性上),点击后边的贴图按钮,如图4-1-46所示。

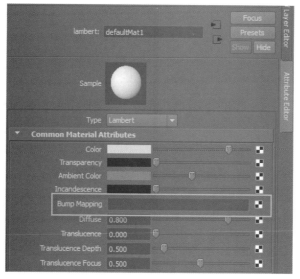

图4-1-46 凹凸贴图位置

(16)在弹出的创建节点对话框中,选择File节点,创建出来,如图4-1-47所示。

图4-1-47 File节点

(17)在创建File节点(主要是将Maya与绘制的贴图进行连接的节点)的同时,Maya会自动创建出一个Bump节点。在新生成出的Bump节点中将Use As(使用什么方式产生凹凸效果)设置为Tangent Space Normds(正切空间法线),如图4-1-48所示。

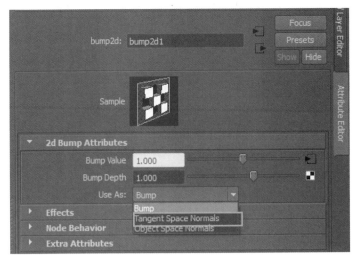

图4-1-48 凹凸节点的选择

(18)图4-1-49就是随着创建File节点一起生成的节点网络图。选中file 1节点,打开该节点的属性编辑器。

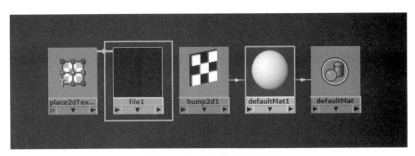

图4-1-49 File节点网络图

(19)在file 1节点中点击Image Name后边的按钮,将法线贴图读取到Maya中,如图4-1-50所示。

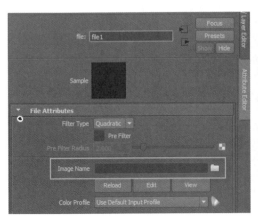
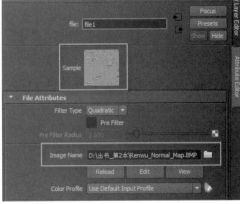

图4-1-50 读取法线贴图

(20)在透视图中按下键盘上的6键,将会显示模型的纹理效果,同时将高品质显示选项打开,如图4-1-51所示。

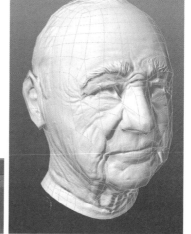

图4-1-51 法线贴图读取成功后的效果

(21)再回到ZBrush中,重新将该模型导出,导出的文件格式为Maya.ma,如图4-1-52所示。

图4-1-52 导出Maya.ma格式

(22)将该模型导入到Maya中,通过对比会发现使用ma格式导入到Maya中显示的效果要比OBJ格式好很多,如图4-1-53所示。

图4-1-53 ma格式法线贴图效果

(23)这是因为如果使用ma格式导入,模型会自动生成一个Blinn材质球,并且该材质球的Color和Bump都生成了相关的文件,如图4-1-54所示。

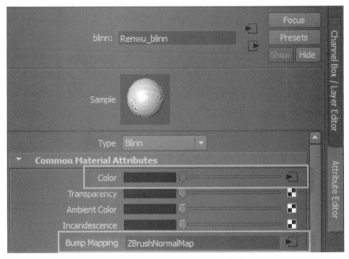

图4-1-54 ma格式的材质球

四、GoZ插件转换

(1)新推出的ZBrush4.0版本中新加的一个功能就是GoZ,这个插件是连接ZBrush和Maya等其他软件的一个桥梁。当在ZBrush中创建好一个模型后可以通过GoZ按钮直接导入到Maya中,方法是在ZBrush中创建一个角色模型,然后点击Tool工具栏中的GoZ按钮,如图4-1-55所示。

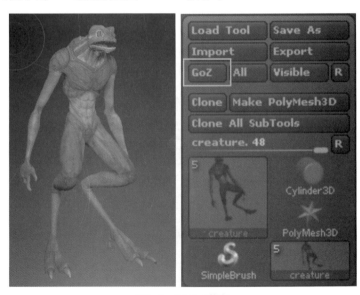

图4-1-55 GoZ按钮

系统会自动将Maya打开并将该模型导入到Maya中(第一次点击该按钮,需要先引导一下Maya软件的位置)。在打开的Maya场景中就可以看到从ZBrush中导入的模型,如图4-1-56所示。

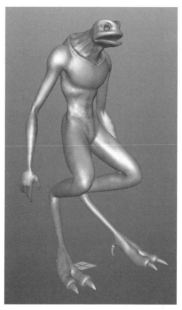

图4-1-56 自动导入效果

(2)展开Tool工具栏中的Texture Map(纹理贴图)卷展栏,点击预览贴图区域后会弹出一个浮动面板,在这个面板中可以显示ZBrush的全部纹理。在面板中点击Texture Off取消纹理和模型之间的连接,这样ZBrush中的模型就没有了纹理。然后再点击GoZ按钮将该模型导入到Maya中,如图4-1-57所示。

图4-1-57 Texture Off开关

(3)这样导入进来的模型就不带有纹理的连接了,如图4-1-58所示。

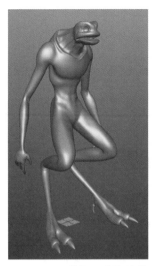

图4-1-58 不带纹理连接的模型

(4)通过Maya的分割多边形工具将模型的结构线分割,并删除该模型的历史记录,如图4-1-59所示。

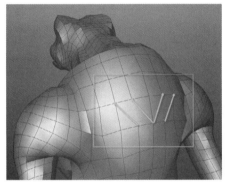

图4-1-59 在Maya中分割多边形

(5)选择GoZBrush工具架,在该工具架中选择GoZ命令,再将该模型导入到ZBrush中。在导入进来的时候系统会弹出一个对话框,选择"是"(将该模型信息传递到高分辨率模型的结构上),如图4-1-60所示。

图4-1-60 使用GoZ命令后选择"是"

(6)将模型的光滑级别调节成1级之后可以发现,Maya中添加的结构线可以直接传递到ZBrush中,如图4-1-61所示。

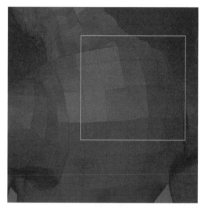

图4-1-61 光滑级别调成1后的模型结构线效果

(7)同样GoZ也可以将模型的法线贴图同时导入到Maya中,如图4-1-62所示。

图4-1-62 使用GoZ将法线贴图导入到Maya中

(8)如果该整体模型是由多个模型组合在一起的,那么这组模型也可以一起导出,方法是选择Tool工具栏中的All,如图4-1-63所示。

图4-1-63 选择All后的效果

第二节　ZBrush4.0界面详解

一、Light　Box

　　Light　Box是ZBrush3.0之后新增加的一个功能,在这里可以迅速调出ZBrush自带的一些工具,如笔刷、纹理、Alpha、材质等,如图4-2-1所示,节省了很多调取中浪费的时间,同时也可以很清晰地归纳自己的一些素材。如果感觉调出Light Box太占空间,可以点击上面的Light Box按钮将其关闭。

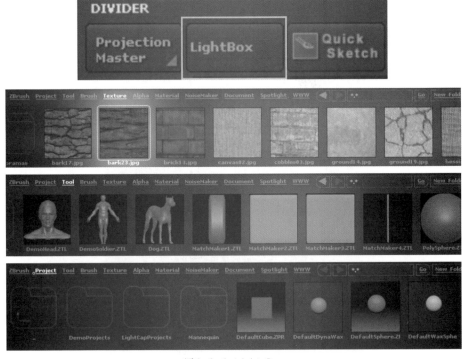

图4-2-1 Light Box

　　在Light　Box中调取一个狗的模型,用鼠标左键在视图中拖拽创建,但现在创建的只是一张二维的图片,如图4-2-2所示。

图4-2-2 Light Box中调取的模型为二维模型

可以通过点击Edit按钮或者按键盘上的快捷键T键进行编辑,这时会将其转换为三维的模型,如图4-2-3所示。

图4-2-3 Edit按钮

通过Ctrl+N可以将画布中除了要编辑的模型外其他的部分清除,如图4-2-4所示。

图4-2-4 Ctrl+N模式

二、控制视图的按钮

在视图右边有很多控制显示的按钮,如图4-2-5所示。

①在视图中显示预览渲染效果

②调整渲染显示的精度

③平移画板

④缩放画板

⑤最大化显示画板

⑥显示原始画板的一半

⑦显示或取消透视效果

图4-2-5 右侧按钮

三、视图左侧的雕刻按钮

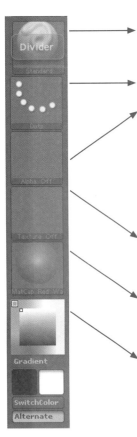

①设置笔刷类型，在这里可以任意选择自己所需要的笔刷，如图4-2-6所示。

②设置笔触的类型，如图4-2-7所示。

③设置遮罩类型，通过选择合适的笔触遮罩可以在雕刻过程中得到更加丰富的笔触类型。同时也可以在Photoshop中设置自己喜欢的遮罩，再导入到ZBrush的笔触库中，如图4-2-8所示。

④设置纹理类型，在这里可以设置绘制的纹理大小以及其他纹理效果，也可以导入或导出纹理，如图4-2-9所示。

⑤设置材质类型，可以为模型设置不同类型的材质，如图4-2-10所示。

⑥颜色设置，通过该工具可以为模型设置不同的颜色类型，同时在为模型绘制纹理的时候可以通过该工具设置不同的颜色来进行控制。

图4-2-6　笔刷设置窗口

图4-2-7　笔触设置窗口

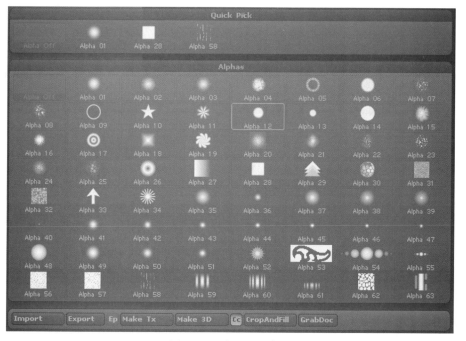

图4-2-8 遮罩设置窗口

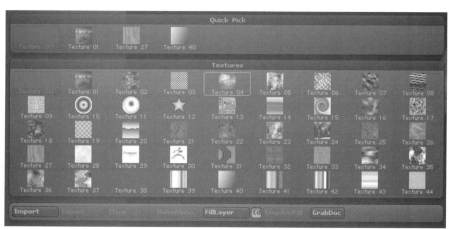

图4-2-9 纹理设置窗口

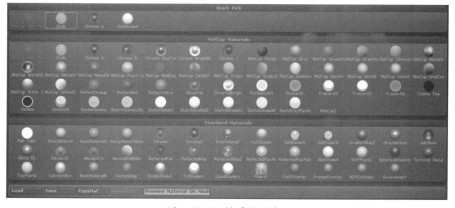

图4-2-10 材质设置窗口

四、视图上部的雕刻控制按钮

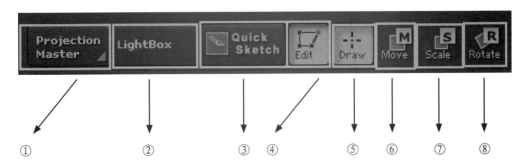

①通过平面映射,将绘制的二维效果投射到三维模型上,可以创建出更加细致的模型效果以及纹理。

②通过Light Box可以从ZBrush库中调出更多的预设模型、纹理等。

③这个是ZBrush4.0新加入进来的功能——快速雕刻功能。

④当按下该按钮之后,可以对模型进行雕刻与编辑。如果该按钮没有按下,所绘制的模型只是一个二维模型。

⑤对模型进行雕刻。

⑥移动模型。

⑦缩放模型。

⑧旋转模型。

Mrgb:当按下按钮之后可以对模型进行材质与颜色的绘制。

Rgb:对模型进行颜色的绘制。

M:对模型进行材质的绘制。

Zadd:对模型外部进行雕刻,如图4-2-11所示。

图4-2-11 对模型外部雕刻的效果

Zsub：对模型内部进行雕刻，如图4-2-12所示。

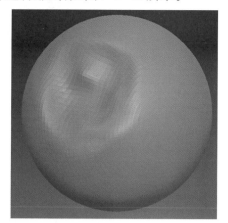

图4-2-12 对模型内部雕刻的效果

Rgb Intensity：在对模型进行颜色绘制的时候，控制颜色的强度。

Z Intensity：控制雕刻的力度大小。

Focal Shift：用笔刷雕刻时，控制力度衰减的范围。

Draw Size：控制笔刷的雕刻大小。

以上这些设置也都可以通过在画布视图中按鼠标的右键，在弹出的窗口中进行，如图4-2-13所示。

图4-2-13 在画布视图中设置

五、Tool面板

整个ZBrush软件的最右侧可以看到 Tool工具面板，这个面板可以随意添加或者取消。可以点击右侧的开关按钮用鼠标左键拖拽取消该面板的显示，也可以在ZBrush菜单上点击该按钮，将某个菜单以面板形式放到这个区域内，如图4-2-14所示。

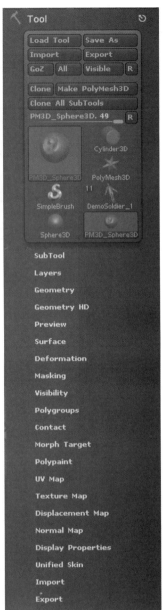

图4-2-14 Tool工具面板

第三节　项目实训

一、人物头像雕刻

(1)首先在软件最右侧的工具栏中点击工具预设按钮,如图4-3-1所示。从弹出来的窗口中选择球体,这样用鼠标绘制的模型就显示在这个小窗口中,如图4-3-2所示。

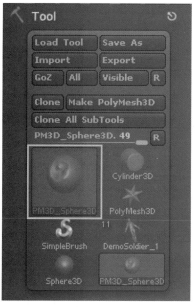

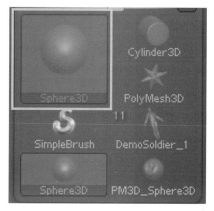

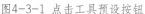

图4-3-1 点击工具预设按钮　　　　　　　图4-3-2 显示的球体

(2)用鼠标左键在画布窗口中拖拽,创建球体。按下键盘上的T键,使该模型进入三维编辑模式,这样才可以对该球体进行雕刻,如图4-3-3所示。

图4-3-3 开始进行雕刻的球体

(3)在进行雕刻之前首先需要设置一下模型的光滑级别,如图4-3-4所示。在右侧工具栏中展开Geometry属性栏。在该属性栏中点击Divide,该命令主要是增加模型的细分级数,点击一次就会增加一级,模型的面数会成倍地增加。这样就可以在模型表面雕刻出更丰富的细节。

图4-3-4 细分模型

(4)当点击Divide按钮之后可以发现这个按钮上边灰色区域的属性可以调节了。SDiv显示的是细分的级别,如图4-3-5所示。再点击两次Divide将光滑级别设置为3,这样就可以在模型上进行细致雕刻,如图4-3-6所示。

图4-3-5 调节细分为3级

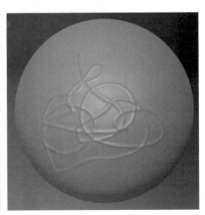

图4-3-6 细分完后进行雕刻

(5)在笔刷选择窗口中按下M键选择Move笔刷,Move笔刷可以对模型进行大形上的调整,如图4-3-7所示。

图4-3-7 选择Move笔刷

(6)将笔刷增大,可以通过键盘上的"〔"或者"〕"来进行调整。

(7)在Transform菜单中,找到Activate Symmetry,如图4-3-8所示。这是控制对称系统的开关,而下方的X、Y、Z等是控制镜像的轴向,在这里选择X为镜像的轴向,如图4-3-9所示。

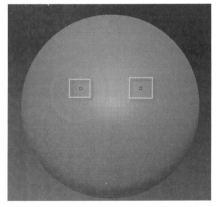

图4-3-8 Transform菜单　　　　　图4-3-9 选择X轴进行镜像

(8)使用Move笔刷对角色头部的形状进行调整,在这里只是调整整体效果,如图4-3-10所示。

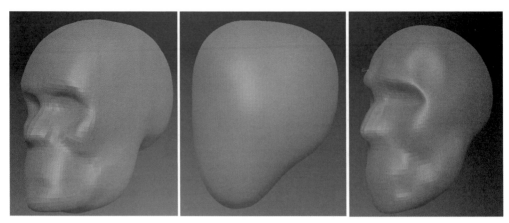

图4-3-10 使用Move笔刷调整整体效果

(9)把光滑级别改成3,并将笔刷改为Standard(这种笔刷属于ZBrush系统的默认笔刷),对模型进行初步雕刻,如图4-3-11所示。

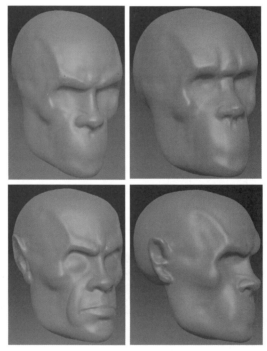

图4-3-11 使用Standard笔刷进行雕刻

(10)在雕刻某些部分的时候需要处理一些细节,但又会影响到别的地方,所以ZBrush提供了遮罩的绘制。按住键盘上的Ctrl键,再用手绘板绘制遮罩区域。绘制的区域会呈深色显示,该区域是不能被雕刻的,如图4-3-12所示。

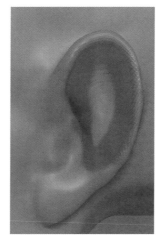

图4-3-12 遮罩绘制耳朵

(11)嘴和鼻子部分也要进行细致的雕刻,如图4-3-13所示。

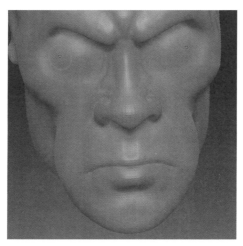

图4-3-13 继续细致雕刻

(12)下面使用另一个笔刷,也是使用率比较高的Clay Buildup堆积笔刷,它可以在原有模型的基础上堆加模型,如图4-3-14所示。

图4-3-14 Clay Buildup堆积笔刷

该笔刷的使用非常随意,对于塑造形体非常方便,如图4-3-15所示。在雕刻完后还可以按住Shift键进行模型光滑处理。

图4-3-15 Clay Buildup堆积笔刷效果

(13)在使用Clay Buildup笔刷的时候可以将其Alpha的贴图去掉(改成off的设置),如图4-3-16所示。这样雕刻的笔触没有小的凹凸效果,雕刻出来的模型非常光滑,如图4-3-17所示。

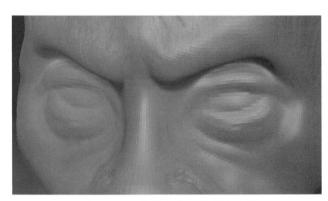

图4-3-16 关闭透明通道　　　　图4-3-17 关闭透明通道后的效果

(14)通过Pinch笔刷绘制出角色上下嘴唇硬的交界线,如图4-3-18所示。

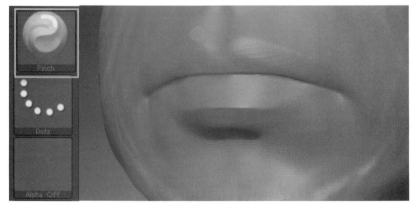

图4-3-18 Pinch笔刷效果

(15)经过细致雕刻,头像的整体效果如图4-3-19所示。

图4-3-19 头像雕刻最终效果

二、Alpha的使用

(1)通过Alpha雕刻,可以为模型增加很多细节,如图4-3-20所示。

(2)可以看到如果使用的是标准笔刷,则该笔刷的Alpha处于关闭的状态,如图4-3-21所示。可以手动选择Alpha,也可以更改笔刷的类别,不同的笔刷类别配合不同的Alpha类别。首先使用Standard笔刷,将Alpha设置为 所示的类型,在模型上进行绘制,如图4-3-22所示。

图4-3-20 Alpha雕刻

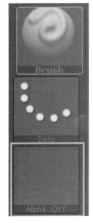

图4-3-21 使用标准笔刷时Alpha是关闭的

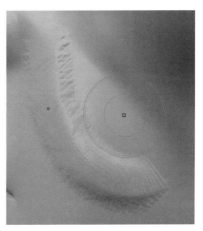

图4-3-22 设置Alpha后的绘制效果

可以发现当使用该笔刷在模型上进行雕刻后,在模型上呈现的效果和Alpha的效果是一样的,而且是连续性的。

(3)在绘制的时候,笔触对于绘制的效果也有很大的影响。在使用Alpha进行雕刻的时候需要配合不同类型的笔触,如图4-3-23所示。

图4-3-23 其他的笔刷

①Dots笔触是比较常用的笔触,呈现的效果和Photoshop里的笔触差不多,也是多点堆积形成一条线。另外还可以调节点和点之间的间距,如图4-3-24所示。

②FreeHand笔触没有点之间的间距,直接就是一笔绘制。它绘制出来的笔触效果比较均匀,如图4-3-25所示。

③DragRect笔触也比较常用,它在绘制的时候不是画出来的,而是使用鼠标一下下拖拽出笔触效果,如图4-3-26所示。

④Color Spray笔触主要在绘制颜色的时候使用。它绘制出来的颜色具有分散性,如图4-3-27所示。

⑤Spray笔触主要用来雕刻,它绘制的效果和Color Spray差不多。

⑥DragDot笔触和DragRect差不多,但呈现的效果不一样。它绘制出来的最后一个笔触是清晰的,而之前的笔触是渐变的,如图4-3-28所示。

图4-3-24 Dots的绘制效果

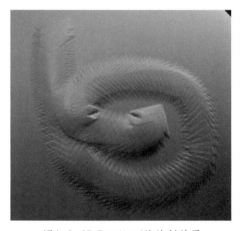

图4-3-25 FreeHand的绘制效果

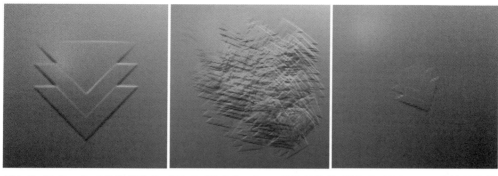

图4-3-26 DragRect的绘制效果　图4-3-27 Color Spray的绘制效果　图4-3-28 DragDot的绘制效果

(4)可以配合不同的笔触和Alpha在球体上进行绘制,每个笔触和Alpha相结合的效果都不一样,如图4-3-29所示。

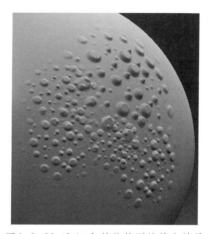

图4-3-29 Alpha和其他笔刷的结合效果

(5)对人物进行绘制的时候可以配合使用Alpha绘制人物的毛孔,如图4-3-30所示。

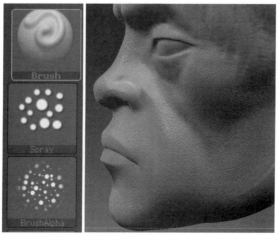

图4-3-30 绘制人物的毛孔

(6)也可以在Light Box中选择一个合适的Alpha,在Alpha菜单中展开Transfer,选择Make st创建Alpha标签,如图4-3-31所示。

图4-3-31 Alpha标签

(7)在画布窗口中按住键盘的空格键,可以看到一个浮动的控制按钮。左侧的ROT控制标签的旋转,右侧的SCL控制标签的缩放,下面的MOV控制标签的移动。可以先将标签移动到视图的正中间,再旋转物体,将其调整到合适的位置,如图4-3-32所示。

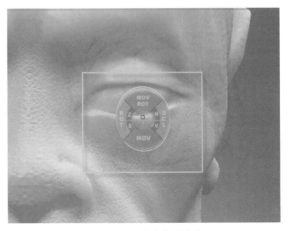

图4-3-32 浮动控制按钮

(8)在绘制的时候旁边显示的半透明的白色区域显得很麻烦,可以在Stencil标签菜单中点击Wrap Mode(包裹模式)按钮,使标签呈现半包裹的效果。再点击下面的Elv按钮将半透明的白色区域去掉,如图4-3-33所示。

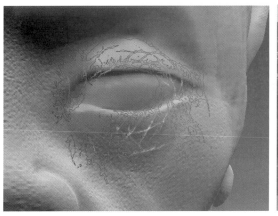 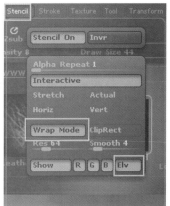

图4-3-33 包裹效果

(9)将Stencil标签菜单中的Show按钮去掉,这样就可以排除标签图形对绘制视线的影响,如图4-3-34所示。

 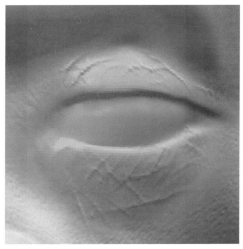

图4-3-34 最终效果

【本章小结】

本章主要讲解了ZBrush的基础知识。很多人认为ZBrush应该属于模型制作范畴,但其实在ZBrush中雕刻出来的模型不能直接应用到三维动画软件中,因为其生成的模型面数大得惊人,所以需要通过法线贴图与置换贴图才能使ZBrush应用到电影、动画的项目制作流程中。在三维动画软件中使用低精度模型显示出高精度模型的细节,这是目前电影、电视、动画和游戏制作中广泛应用的一种新技术。

第五章

3ds Max之mental ray渲染器

第一节　3ds Max四大渲染器

经过几年的发展,3ds Max的渲染器已经非常全面,由传统的建筑多用的VRay和电影多用的mental ray,到后来的外置的渲染器Final Render(广告多用)和Brazil(兼容稳定性好),终于3ds Max的四大渲染器形成了。

一、mental ray渲染器

mental ray("mental"的中文意思为:精神的,脑力的;"ray"的中文意思为:光线,射线)是德国Mental Image公司(现已成为NVIDIA公司的全资子公司)最引以为荣的产品,作为业界公认的唯一一款可以和Pixer's Renderman相抗衡的电影级渲染器,mental ray凭借良好的开放性和操控性,以及与其他主流三维制作软件良好的兼容性而拥有大量的用户。早期Softimage可以长时间称霸影视制作领域,在某种程度上而

图5-1-1 电影《终结者2》

言与其最早集成mental ray渲染器有着很大的关系。在好莱坞,mental ray参与制作的电影如《绿巨人》、《终结者2》、《黑客帝国2》等更是数不胜数,如图

5-1-1所示。

mental ray从Maya 5.0版本以后内置在Maya里；从3ds Max 6.0版本以后也被内置在了3ds Max里。而从3ds Max 9.0开始，Autodesk更新和优化了mental ray的很多方面，一直到现在的3ds Max 2011版，我们可以看到很多方面的更新都是跟mental ray有关系的。这使得mental ray在建筑制图方面得到了很大的提升，相信以后会给mr带来崭新的时代，如图5-1-2所示。

图5-1-2 mental ray宣传海报

二、VRay渲染器[1]

VRay是由Chaos Group和Asgvis公司出品的一款高质量渲染软件，是目前业界最受欢迎的渲染引擎。基于VRay内核开发的有VRay for 3ds Max、Maya、Sketchup、Rhino等诸多版本，为不同领域的3D建模软件提供了高质量的图片和动画渲染。除此之外，VRay也可以提供单独的渲染程序，方便使用者渲染各种图片，

图5-1-3 VRay渲染的效果图

它主要用于渲染一些特殊的效果，如次表面散射、光迹追踪、焦散、全局照明等。VRay是一种结合了光线跟踪和光能传递的渲染器，其真实的光线计算能创建出专业的照明效果，可用于建筑设计、灯光设计、展示设计等多个领域，如图5-1-3所示。

三、Final Render渲染器[2]

2001年，渲染器市场的一个亮点是德国Cebas公司出品的Final Render渲染器(Final Render又名外终极渲染器)。这个渲染器可谓是当前最为红火的渲染器，其渲染效果虽然略逊色于Brazil，但由于它速度非常快，效果也很好，所以对于

① 参见百度百科"VRay渲染器"，http://baike.baidu.com/view/3769891.htm。

② 参见百度百科"Final Render"，http://baike.baidu.com/view/3950090.htm。

商业市场来说是非常合适的。Cebas公司一直是3ds Max一个非常著名的插件开发商,很早就以Luma(光能传递)、Opic(光斑效果)、Bov(体积效果)几个插件而闻名。这次又融合了著名的三维软件Cinema 4D内部的快速光影渲染器的效果,并将Luma、Bov插件加入到Final Render中,使得Final Render渲染器具备了前所未有的功能。相对于别的渲染器来说,Final Render还提供了3S(次表面散射)的功能和用于卡通渲染仿真的功能,可以说是全能的渲染器,如图5-1-4所示。

图5-1-4 Final Render宣传海报

四、Brazil渲染器[①]

在SIGGRAPH 2005(第32届国际计算机图形图像交流大会)上,高端3D渲染软件供应商SplutterFish LLC与Orphanage及包括Autodesk、McNeel & Assoc和Archvision等在内的领先的软件制造商开展合作,主要展示了它们最新版本的Brazil渲染器2.0。这个最新发布的渲染软件展现给用户的全新特征包括:3D motion blur、渲染时间置换、3ds Max肌理渲染支持、加强的GI特征如渲染隐蔽处(发光处、区域高光、表层下的散射等)、加强的核心性能(存储器、CPU等)及许多其他方面。Brazil渲染器2.0的目标是成为最易操作的高性能渲染器,保持高质量高产量,以及成为以艺术为中心的顶级CG专业人士之选。

图5-1-5 Brazil渲染器Logo

---

① 参见百度百科"Brazil渲染器",http://baike.baidu.com/view/3302103.htm.

第二节　mental ray的灯光

在使用mr特有的灯光、摄影机和材质效果之前必须将3ds Max的渲染器更改为mr渲染器,然后在材质编辑器里将Mr渲染器锁住,如图5-2-1所示。

图5-2-1 mr材质锁定按钮

在3ds Max的创建面板中点击灯光按钮并选择标准,这样在平时默认状态下没有效果的mental ray灯光就可以使用了,它们分别是mr区域泛光灯和mr区域聚光灯,如图5-2-2所示。

图5-2-2 mr渲染器专用的两盏灯

一、mr区域泛光灯

mr区域泛光灯的创建方式与泛光灯一样,当使用mental ray渲染器渲染场景时,区域泛光灯从球体或圆柱体体积发射光线,而不是从点源发射光线。使用默认的扫描线渲染器,区域泛光灯则会像其他标准的泛光灯一样发射光线。

可以将泛光灯转化为mr区域泛光灯,操作方法为:

①点击主工具栏 [图标] 选择一个或多个灯光。

②选择至 [图标] 工具面板。

③在工具卷展栏上单击MAXScript按钮。

④在MAXScript卷展栏上从工具下拉列表中选择"转化为mr区域灯光"。

⑤在"转化为mr区域灯光"卷展栏上单击"转化选定灯光",此时将显示"是否删除旧灯光?"的MAXScript警告信息,单击"是"可以删除原始灯光,并由区域灯光替代,单击"否"则原始灯光将保持原样,场景中还会复制出一个基于原始灯光的mr区域灯光。

⑥单击"关闭"可以退出"转化为mr区域灯光"和 MAXScript卷展栏。

mr区域泛光灯与泛光灯的最大区别在于修改面板里多了一项区域灯光参数,如图5-2-3所示。

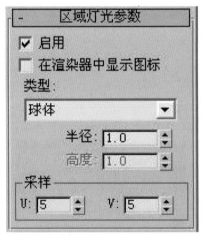

图5-2-3 mr区域灯光特有的区域灯光参数

当"启用"选项处于勾选状态时,mental ray渲染器将使用灯光照亮场景。当"启用"选项处于禁用状态时,mental ray渲染器不使用灯光。默认设置为启用。

二、mr区域聚光灯

mr区域聚光灯的创建方式与目标聚光灯一样,当使用mental ray渲染器渲染场景时,区域聚光灯从矩形或碟形区域发射光线,而不是从点源发射光线。使用默认的扫描线渲染器,区域聚光灯像其他标准的聚光灯一样发射光线。

目标聚光灯和自由聚光灯都可以使用上面的方法转化为mr区域聚光灯,

但是区域灯光的参数是和mr区域泛光灯不太一样的,主要区别在类型上,如图5-2-4所示。

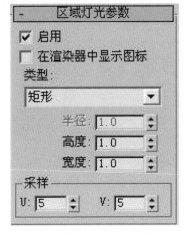

图5-2-4 mr区域聚光灯里的区域灯光参数

三、mr Sky 和 mr Sun

在"创建"面板里选择 ❄,单击"日光"按钮,然后打开"修改"面板,在"日光参数"卷展栏里可选择mr Sun和mr Sky,如图5-2-5所示。

这两种灯光是在3ds Max 2008版才增加进来的,mr Sun主要用于打阴影,而mr Sky可以通过位置移动改变强度,比天光多一个改变强度的方式。

图5-2-5 日光参数

mental ray太阳和天空解决方案专为启用物理模拟日光和精确渲染日光场景而设计,如图5-2-6、5-2-7所示。

图5-2-6 mr Sun 光度学灯光模拟太阳光(来自于太阳的直接光)

图5-2-7 mr Sun 光度学灯光模拟天光(模拟大气层中因太阳光的散射而产生间接光的真实现象)

第三节 mental ray的材质贴图

mental ray的材质系统非常强大。可以说好的效果需要匹配适当的材质才能渲染出理想的画面,这点在mental ray的材质系统中得到了很好的体现,如图5-3-1所示。

图5-3-1 mental ray的材质系统

一、Arch&Design

Arch&Design被称为建筑与设计材质,这是3ds Max 2008版新加入的。建筑与设计材质的特殊功能包括自发光、反射率和透明度的高级选项、环境光阻光设置,以及将作为渲染效果的锐角和锐边修圆,如图5-3-2所示。

图5-3-2 使用建筑与设计材质获得的一系列效果

Arch&Design专门用于支持在建筑和产品设计渲染中使用的大多数材质。它支持大多数硬表面材质,如金属、木材和玻璃。它还进行了专门调试,可用于快速的光泽反射和折射(代替了DGS材质)。

mental ray提供了生成间接灯光的两种基本方法:最终聚集和全局照明。为了获得最佳效果,应确保至少使用其中一种方法(至少要启用最终聚集,或使用结合了全局照明——光子——的最终聚集以获得高质量的效果)。

二、Car Paint材质

车漆材质,也是Max 2008版新植入的材质,顾名思义专用于制作车体表面的金属材质效果,如图5-3-3所示。

图5-3-3 车漆材质效果

三、SSS材质(3S材质)

3S材质共分为了四种,分别是3S快速材质、3S快速蒙皮材质、3S快速蒙皮材质+位移、3S物理材质。3S材质是专门用于制作玉石、皮肤、蜡烛、牛奶等效果的材质,其特点是透光不透明,如图5-3-4所示。

图5-3-4 四种3S材质

四、Autodesk材质

Autodesk材质是mental ray材质,用于对构造、设计和环境中常用的材质建模。它们与Autodesk Revit材质以及AutoCAD和Autodesk Inventor中的材质对应,因此可提供共享曲面和材质信息的方式,前提是同时使用上述应用程序,如图5-3-5所示。

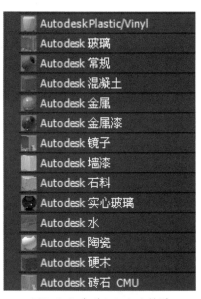

Autodesk 材质以"建筑与设计"材质为基础。与该材质类似,当将它们用于物理精确(光度学)灯光和以世界坐标单位建模的几何体时,会产生最佳效果。另外,每个Autodesk材质的界面远比"建筑与设计"材质的界面简单,这样,通过相对较少的操作就可以获得真实的、完全正确的效果。

图5-3-5 各种Autodesk材质

五、mental ray

使用mental ray材质可以创建专供mental ray渲染器使用的材质。mental ray材质拥有用于曲面明暗器及用于另外九个可选明暗器(构成mental ray中的材质)的组件。

必须将明暗器指定给材质的曲面组件,否则渲染时mental ray将不可见,如图5-3-6所示。

图5-3-6 没有指定明暗器的mental ray初始材质

第四节　mental ray的摄影机

mental ray的摄影机在默认情况下使用的依然是目标摄影机和自由摄影机，只不过对于景深和运动模糊的效果要更好。

一、景深

在摄影机的修改面板参数里启用多过程效果，并选择景深(mental ray)，然后在调节景深参数选项里把光圈数值降低，如图5-4-1、5-4-2所示。

图5-4-1 调节摄影机的参数　　　　　图5-4-2 渲染效果

调节摄影机的目标点可以实现景深的切换效果。

二、运动模糊

在mental ray渲染器里选择摄影机效果,然后启用运动模糊。如果此时场景中有灯光则在阴影选项里选择光线跟踪阴影,这样既可以渲染出运动模糊又可以获得模糊的阴影效果,如图5-4-3、5-4-4所示。

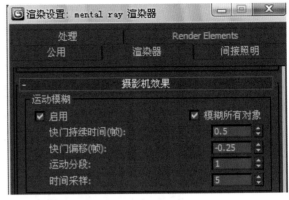

图5-4-3 运动模糊开关设置

图5-4-4 运动模糊效果

延长快门持续时间(帧)可以提高模糊效果。

第五节 mental ray的渲染

mental ray的渲染和默认渲染的操作是一样的,都是使用F9快捷键进行,但配合其灯光材质和摄影机就会出现不一样的效果。

一、阴影渲染的参数设置

通过设置阴影参数,可以将阴影的近实远虚效果渲染得更加真实。

(一)阴影贴图

在阴影类型里选择阴影贴图,然后打开阴影贴图参数卷展栏,偏移值一定要归零,大小调大点(最大值10000),采样范围大些边线会虚化(最大值为50),如图5-5-1、5-5-2所示。

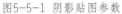

图5-5-1 阴影贴图参数　　　　　　　图5-5-2 渲染效果

(二)光线跟踪阴影

　　在阴影类型里选择光线跟踪阴影,然后打开区域灯光参数卷展栏(只有mr灯光才有的卷展栏),调大高度和宽度(最大值99999)会有近实远虚的阴影效果,提高采样值(最大值99999)可以去除渲染图里的杂斑,如图5-5-3、5-5-4所示。

图5-5-3 使用光线跟踪阴影修改区域灯光参数　　　　　　图5-5-4 渲染效果

区域灯光参数里的数值不宜调得太高,虽说数值越高效果越好,但是渲染速度会明显变慢,而且会出现软件报错死机的现象,这种情况下我们就必须借助mental ray渲染器里的参数帮助提高渲染质量了。

按下F10打开渲染设置面板,在采样质量中将每像素采样数最小值提高到1(最大到4,再高会出现渲染速度过慢和软件报错现象),最大值提高到16(最大到64,再高会出现渲染速度过慢和软件报错现象),将过滤器类型从默认下的Box更改为Mitchell(可将边线位置柔化,类似于Gauss模糊),如图5-5-5所示。

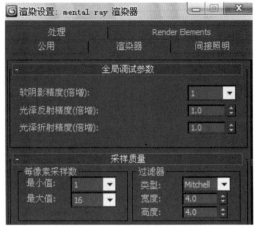

图5-5-5 渲染器参数设置

二、天光渲染的参数设置

在使用天光时,如果出现一片白,则打开光线跟踪,这是使用默认渲染器时的做法。但mr渲染器是勾选间接照明里的启用最终聚集,倍增值可以调节天光亮度(和修改面板里天光参数的倍增值效果一样),提高初始最终聚集点密度可以提高渲染的精度值,如图5-5-6、5-5-7所示。

图5-5-6 最终聚集参数设置

图5-5-7 mr渲染器天光的渲染效果

三、室内灯光渲染的参数设置

当模拟太阳光照射室内时,可以使mr聚光灯变为平行光,如图5-5-8所示。

想照亮全屋必须在间接照明里启用全局照明,然后选择灯光,在其修改器参数里打开mental ray间接照明卷展栏,提高能量值可以增亮场景,或者直接在渲染器参数里调节全局照明的倍增值,效果一样,如图5-5-9、5-5-10所示。

图5-5-8 没开启全局光照的渲染效果

图5-5-9 增亮室内场景的方法

图5-5-10 增亮后场景的效果

这时可能一些颜色会溢出,继续调节间接照明选项里的灯光属性,增加每个灯光的平均全局照明光子可以提高质量,但最好是调节最大采样半径,如图5-5-11所示。

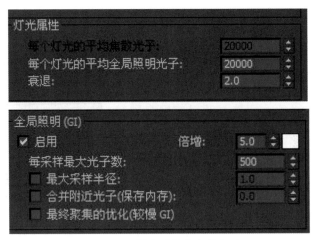

图5-5-11 提高质量的参数设置

当出现颜色溢出时,可使用焦散和全局照明光子贴图。点击 ··· 按钮并存储一个pmap文件,记录全是灰度的场景(把有颜色的材质先变成灰色材质),点击立即生成光子贴图文件,然后再把有颜色的模型重新加载导入有颜色的材质,读取刚才存储的pmap文件,就可以解决颜色溢出的问题,如图5-5-12、5-5-13所示。

图5-5-12 存储pmap光子文件　　　　　　　图5-5-13 最终效果

有的时候最终聚集和全局照明会一起开启,当启用全局照明并进行渲染时,系统会提示"场景中没有光子发射器",可用鼠标右键点击模型,选择对象属性里的mental ray选项,打开里面的生成全局照明,然后检查场景中有无灯光(注意光子是由灯光产生的),如图5-5-14所示。

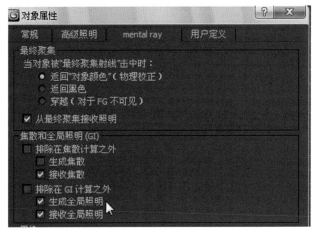

图5-5-14 生成全局照明

第六节　项目实训

一、SSS材质的制作

今后在实践中难免会遇到对角色模型的制作,但角色的皮肤质感不易表现,SSS材质给我们提供了一个较好的解决方案。

以皮肤为例,在照亮区到阴影区的衔接处,散射往往引起微弱的倾向红色的颜色偏移,这是由于光线照亮表皮并进入皮肤,接着被皮下血管和组织散射和吸收,然后从阴影部分离开。散射效果在皮肤薄的部位更加明显,比如鼻孔和耳朵的周围。

电影《长江七号》里面"七仔"的皮肤就使用了SSS材质效果,如图5-6-1所示。

图5-6-1 电影《长江七号》截图——七仔

(1)制作一个类似七仔的简单的角色模型,如图5-6-2所示。

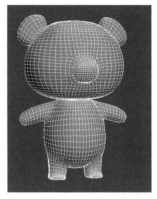

图5-6-2 制作一个卡通角色

(2)制作一个弧形的背景和地面,添加深灰色材质,如图5-6-3所示。

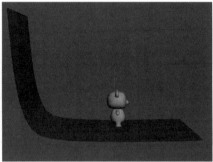

图5-6-3 制作一个弧形背景

(3)SSS材质需要强度很强的直射光才能出现效果,所以在角色身后加入一盏mr区域聚光灯,将阴影效果打开,并将倍增值增大到5.0,如图5-6-4所示。

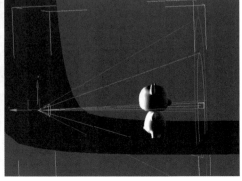

图5-6-4 增加一盏mr区域聚光灯

(4)再使用泛光灯在角色额前增加一个简单的补光,将倍增值改成0.5,突出背后的主光源,如图5-6-5所示。

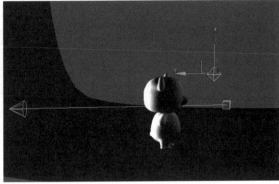

图5-6-5 增加的辅光源泛光灯

(5)此时我们可以渲染一下,看看现在没有增加SSS材质的效果,如图5-6-6所示。

图5-6-6 普通渲染效果　　　　　图5-6-7 增加材质贴图后的效果

(6)从中可以看出此时并没有出现透光的效果,光被结结实实地挡在了角色身后,此时给角色增加一个标准材质并增加贴图后再渲染,如图5-6-7所示。

角色仍然没有透光,看来普通的材质不能实现我们想要的皮肤效果。

(7)选择材质编辑器并点击Standard,打开材质/贴图浏览器添加SSS快速材质,如图5-6-8所示。

图5-6-8 选择SSS快速材质

　　(8)进入SSS快速材质的编辑面板后,我们会发现这里有非常多的命令,如图5-6-9所示。

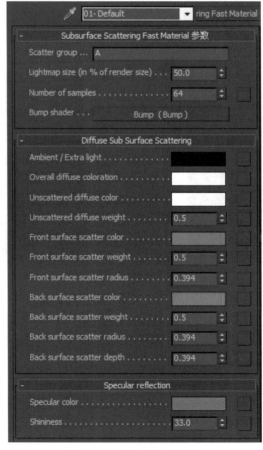

图5-6-9 SSS快速材质界面

(9)此时我们渲染一下,可以发现模型还是没有透光,而且贴图也因为SSS的覆盖而消失。现在需要对参数进行调节,主要修改Diffuse Sub Surface Scattering里面的参数,我们会发现SSS材质实际上是由四层颜色构成的,如图5-6-10所示。

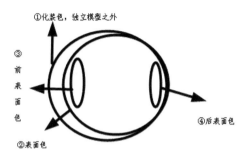

图5-6-10 SSS材质控制的四层颜色

①Overall diffuse coloration——化装色。独立的贴图,模型的漫反射就放在这个颜色层里,如图5-6-11所示。

图5-6-11 放入模型的贴图

②Unscattered diffuse weight——表面色。这是真正的SSS材质颜色层,将红绿蓝颜色分别改成223、203、211,再将下边的权重值改成0.8,如图5-6-12所示。

图5-6-12 修改表面色参数

③Front surface scatter color——前表面色,将红绿蓝颜色分别改成198、163、194,再将下边的权重值和范围值均改成0.8,如图5-6-13所示。

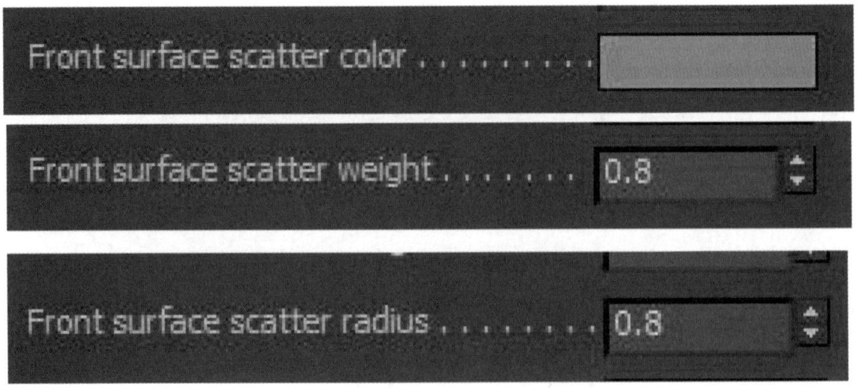

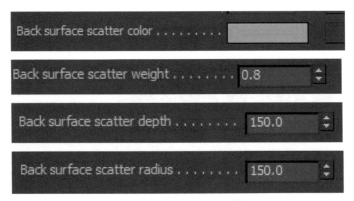

图5-6-13 修改前表面色参数

④Back surface scatter color——后表面色,将红绿蓝颜色分别改成201、128、92,再将下边的权重值改成0.8,此时会出现一个深度值,这个数值直接决定了透光颜色(要足够大才有效果),渲染后就能出现后表面色的颜色。将深度值和范围均改成150,如图5-6-14所示。

图5-6-14 修改后表面色参数

(10)在Advanced options里勾选最后一个选项,如图5-6-15所示。

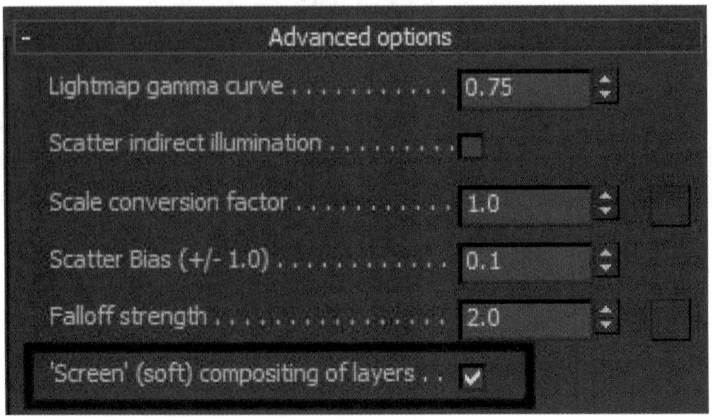

图5-6-15 勾选高级设置里最后一项

(11)其他选项全部使用默认数值即可,我们可以渲染一下看看效果了,如图5-6-16所示。

图5-6-16 成功的SSS效果

渲染后我们清楚地看到,光线从模型穿透,真正的透光效果出现了。但是模型的杂点过多,可以在SSS材质最上端的参数里调节Number of samples,对模型的杂点进行增加或减少操作,如图5-6-17所示。

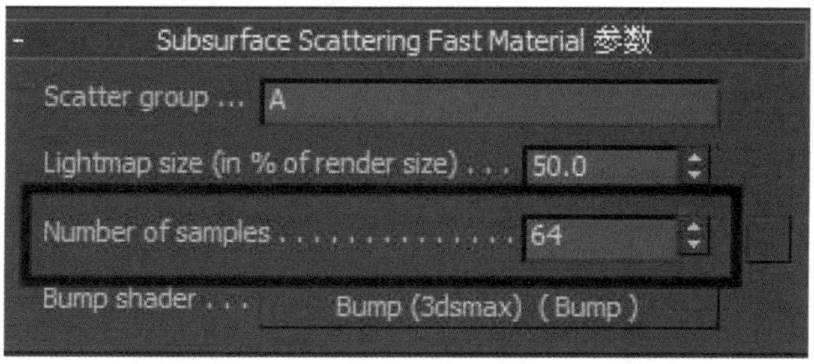

图5-6-17 Number of samples调节杂点

二、置换贴图的制作

置换是一种真正的凹凸效果,比Bump和法线贴图表现出的凹凸效果都好,置换主要是由一张黑白图来控制凹凸效果。

(1)制作一个圆柱体并添加材质,在材质编辑器的漫反射通道里加入一张位图,如图5-6-18所示。

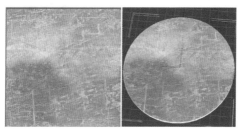

图5-6-18 使用左侧的位图加入圆柱体的效果

(2)在贴图卷展栏中找到凹凸选项,并加入一张黑白图,如图5-6-19所示。

	数量	贴图类型
□ 环境光颜色 ...	100	None
☑ 漫反射颜色 ...	100	Map #1 (013metal.jpg)
□ 高光颜色 ...	100	None
□ 高光级别 ...	100	None
□ 光泽度	100	None
□ 自发光	100	None
□ 不透明度	100	None
□ 过滤色	100	None
□ 凹凸	30	None
□ 反射	100	None
□ 折射	100	None
☑ 置换	100	Map #2 (aotu04.tif)

图5-6-19 在置换中加入左侧的黑白图

(3)使用默认渲染器渲染,效果如图5-6-20所示。

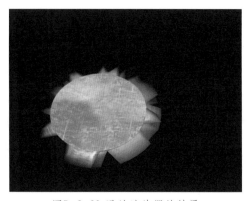

图5-6-20 默认渲染器的效果

(4)很明显,渲染后并没有出现我们想看到的凹凸效果。将默认渲染器改成mental ray再进行渲染,如图5-6-21所示。

图5-6-21 mental ray渲染器渲染的效果

(5)当前效果虽然出现了凹凸,但是有些过头,还同时出现了很多不均匀的凹凸效果,想更改这种情况有两种方法。

第一种方法是使用鼠标选择模型后点击右键,选择对象属性,如图5-6-22所示。

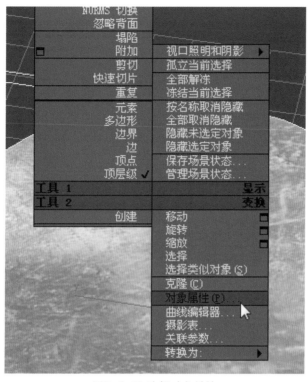

图5-6-22 选择对象属性

在对象属性里选择mental ray选项,将最下端置换里的使用全局设置去选掉,如图5-6-23所示。

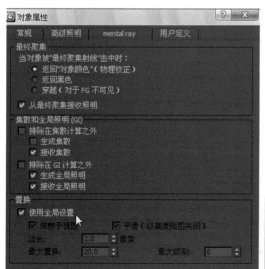

图5-6-23 去选使用全局设置

此时便可以修改参数实现我们想要的效果。边长越小,凹凸效果局部精度就越细腻,但渲染速度也会变慢,最低可到0.001。最大置换数值也是如此,最大级别共分为7级,级别越大效果越好。降低边长和最大置换数值,将最大级别增至6以上,点击渲染就会出现如图5-6-24所示的效果。

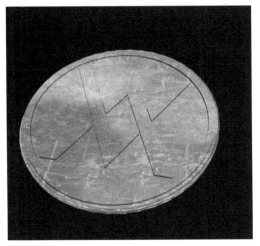

图5-6-24 调整边长和最大置换后的效果

使用第二种方法前必须勾选使用全局设置。按下键盘上的F10打开渲染器设置并选择渲染器选项里面的阴影与置换,我们可以看到这里也有边长和最大置换的选项,数值调节方法同第一种,后面的最大细分相当于第一种里面的最大级别,可将数值改成64K,如图5-6-25所示。

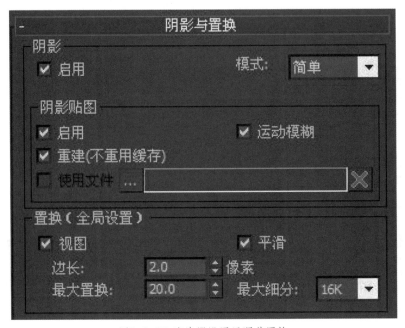

图5-6-25 渲染器设置里调节置换

修改完渲染器里的参数后,还需要回到材质编辑器,将置换的数量调低(可视情况而定,一般调整到20以下),如图5-6-26所示。

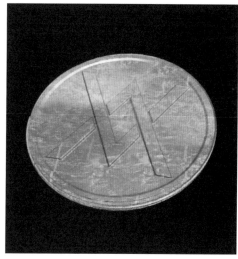

图5-6-26 调整材质编辑器里的置换数量

图5-6-27 第二种方法的渲染效果图

都调整完成后点击渲染,效果和第一种几乎没有区别,如图5-6-27所示。第一种方法局部细节会细腻一些,第二种方法操作要简便一些,两种方法互不影响,使用一种另一种会自动禁止。

【本章小结】

渲染器的使用各有千秋,尤其是3ds Max的四大渲染器更是如此。随着科技的进步,渲染器也在逐步升级,从速度和效果上相信会更好。

图书在版编目（CIP）数据

三维动画创作：渲染制作/侯沿滨，刘超，张天翔编著．—北京：中国传媒大学出版社，2012.1

ISBN 978－7－5657－0393－5

Ⅰ.①三…　Ⅱ.①侯…②刘…③张…　Ⅲ.①三维动画软件　Ⅳ.①TP391.41

中国版本图书馆 CIP 数据核字（2011）第 252543 号

三维动画创作——渲染制作

编　　著	侯沿滨　刘　超　张天翔	
责任编辑	李唯梁	
责任印制	曹　辉	
封面设计	阿　东	
出 版 人	蔡　翔	

出版发行　中国传媒大学出版社

社　　址	北京市朝阳区定福庄东街 1 号	邮编：100024
电　　话	010－65450532 或 65450528	传真：010－65779405
网　　址	http：//www.cucp.com.cn	
经　　销	全国新华书店	

印　　刷	北京中科印刷有限公司
开　　本	787×1092 毫米　1/16
印　　张	12.75
版　　次	2012 年 4 月第 1 版　2012 年 4 月第 1 次印刷

ISBN 978－7－5657－0393－5/TP・0393　　　定价：49.00 元